GAOXIAO JIANKANG

YANGTU

QUANCHENG SHICAO TUJIE

养殖致富攻略

高效健康

养兔

全程实操图解

任克良　秦应和　主编

U0239216

中国农业出版社

图书在版编目（CIP）数据

高效健康养兔全程实操图解/任克良，秦应和主编
.—北京：中国农业出版社，2018.7（2019.6 重印）
（养殖致富攻略）
ISBN 978-7-109-23589-2

Ⅰ.①高… Ⅱ.①任…②秦… Ⅲ.①兔—饲养管理
—图解 Ⅳ.①S829.1-64

中国版本图书馆 CIP 数据核字（2017）第 291008 号

中国农业出版社出版
（北京市朝阳区麦子店街 18 号楼）
（邮政编码 100125）
责任编辑 郭永立 周晓艳

北京万友印刷有限公司印刷 新华书店北京发行所发行
2018 年 7 月第 1 版 2019 年 6 月北京第 2 次印刷

开本：720mm×960mm 1/16 印张：20.5
字数：325 千字
定价：33.00 元
（凡本版图书出现印刷、装订错误，请向出版社发行部调换）

编写人员

主　编　任克良　秦应和

编著者　任克良　秦应和　宸锁成

　　　　曹　亮　黄淑芳　李燕平

　　　　梁全忠　唐耀平　郑建婷

　　　　牛晓燕　冯国亮　王采先

绘　图　张立勇　王国艳

前言

近年来，我国兔产业发展迅速，兔业生产正由传统零散小规模饲养方式向规模化、集约化和标准化方向发展。为了适应当前兔业发展的形势，笔者总结近年来我国兔业科研成果和实践经验，借鉴国外最新研究进展，组织相关专家编写了《高效健康养兔全程实操图解》一书。

该书介绍了国内外兔业发展现状和趋势，家兔生物学特性、家兔品种及引种、兔舍建设与环境调控、兔群繁殖技术、家兔营养与饲料、兔群饲养管理技术、兔场疫病综合防控和兔场经营管理等养兔全程内容。紧紧围绕高效健康养兔这一主题，对新品种（配套系），标准兔舍、笼具，自动饲喂系统，自动清粪系统，环境控制系统，粪污处理，家兔最新营养需求，"全进全出制"饲喂方式，兔病综合防控和兔场经营管理等进行了详细地介绍，同时附有相关照片，使读者在养兔生产中对照本书获得较强的操作性。

该书重点在新品种（配套系）介绍、兔场建设、"全进全出制"饲养方式、家兔营养需要、饲养管理和兔病最新防控技术等方面进行了较多介绍，旨在为我国规模化、标准化兔业生产提供技术支持。

书中的许多内容是笔者在实施国家兔产业技术体系（CARS-

43)、山西省科技厅家兔攻关（201703D221024-4）和山西省农业科学院（YYS1714、YGG17902）等项目实施过程中取得的。本书编写过程中，得到了谷子林、刘汉中、李福昌、鲍国连、薛家宾、吴信生、赵辉玲、吴中红、闫英凯等兔业同仁及中国农业出版社的大力支持，在此一并表示感谢。

特别说明，因有些联络信息不详，笔者与此书中引用的图、表等的原作者没有取得有效联系。如有机会，请这些原作者与笔者联系（中国山西省太原市小店区平阳南路150号，山西省农科院畜牧兽医研究所；邮编：030032；e-mail：83588534@qq.com）。

在编写过程中，尽管笔者做出了很大的努力，但由于水平有限，书中欠妥或错误之处，恳请读者、同行批评指正，以便再版修订。

任克良　秦应和

2017 年 7 月 31 日

目 录

一、国内外兔业发展现状及趋势

目标
- 家兔的经济价值
- 欧洲兔业发展概况及趋势
- 我国养兔业存在的问题及对策
- 提高养兔经济效益的技术途径

养兔业作为一项新兴的畜牧产业愈来愈受到人们的重视。发展养兔可为人类提供肉、皮、毛等优质产品，同时是农民脱贫致富的一条重要途径。因此，发展养兔业具有广阔的前景。

(一) 发展养兔业的意义

1. 家兔及其产品经济价值高

家兔可为人类提供肉、皮、毛等多种产品，具有很

图 1-1　家兔的用途

高的经济价值（图 1-1）。

▶ 兔肉

（1）蛋白含量高，品质好　以干物质计算，兔肉含蛋白质高达 70%，比猪肉、牛肉、鸡肉、羊肉的蛋白质含量都高，可以制作各种美味佳肴（图 1-2、图 1-3、图 1-4、图 1-5）。兔肉中氨基酸种类齐全、含量丰富，其中限制性氨基酸，如赖氨酸、色氨酸含量均高于其他肉类。

图 1-2　兔头制作的"回头望月"佳肴（任克良）

图 1-3　蜜汁兔肉（任克良）

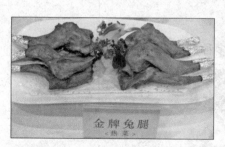

图 1-4　"金牌兔腿"（任克良）

图 1-5　兔肉串串烧

（2）脂肪含量低，胆固醇少，磷脂高　新鲜兔肉含脂肪 9.76%、胆固醇 65 毫克 /100 克，低于其他肉类。食用兔肉可减少胆固醇在血管壁沉积的可能性。因此，兔肉是老人、动脉粥样硬化病人、冠心病患者理想的保健食品。同时，兔肉是益智延年食品，成年人常食兔肉可降低血液中胆固醇含量，使皮肤富有弹性，面部皱纹减少。因此，国外将兔肉称为"保健肉""美容肉""益智肉"。

目前，国内相关企业开发的兔肉产品琳琅满目、花样众多（图1-6、图1-7）。

图1-6　兔肉加工的产品（任克良）

图1-7　兔肉粒、兔肉丁和兔肉酱等（任克良）

（3）消化率高　兔肉肌纤维细嫩，胶原纤维含量少，消化率高达85%，高于其他肉类。

（4）公共卫生形象好　到目前为止，人和畜禽的共患病超过200余种，在家兔业还没有发现共患的主要传染病。而家禽业、养猪业、养牛业等则分别有禽流感、猪链球菌病、疯牛病等的困扰。在人们越来越重视健康的今天，良好的公共卫生形象有利于促进家兔产业的发展。

（5）接受程度高　除犹太人外，尚未任何宗教限食兔肉。因此，养兔业能够为更多国家的居民提供优质的肉品。

兔肉与其他肉类营养成分及消化率的比较见表 1-1、图 1-8、图 1-9。

表 1-1　兔肉与其他肉类营养成分及消化率的比较

项目	兔肉	猪肉	牛肉	羊肉	鸡肉
粗蛋白质（%）	21.37	15.54	20.07	16.35	19.50
粗脂肪（%）	9.76	26.73	15.83	17.98	7.8
能量（千焦/千克）	676	1 284	1 255	1 097	517
赖氨酸（%）	9.6	3.7	8.0	8.7	8.4
胆固醇（毫克/100 克）	65.0	126.0	106.0	70.0	69～90
烟酸（毫克/100 克）	12.8	4.1	4.2	4.8	5.6
消化率（%）	85.0	75.0	55.0	68.0	50.0

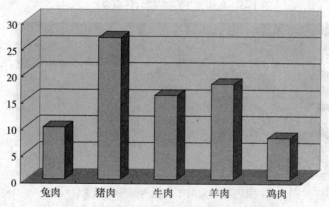

图 1-8　各种畜禽肉粗脂肪含量的比较（%）

由表 1-1 可以看出，兔肉具有"三高三低"（高蛋白质、高赖氨酸、高消化率，低脂肪、低胆固醇、低能量）的特点，代表了当今人类对动物性食品需求的方向，具有广阔的市场前景。

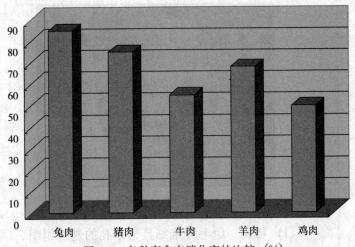

图1-9　各种畜禽肉消化率的比较（%）

▶ 兔毛

兔毛是高档纺织原料，具有长、松、净的特点。其织品具有轻软、保暖、吸湿、透气、穿着舒适和保健的优点（图1-10、图1-11、图1-12）。

图1-10　兔毛制作的面料和服饰（曹亮）

图1-11　兔皮制作的服饰（曹亮）

图 1-12　兔皮制作的围巾

（1）轻软　兔毛纤维细且为多孔的髓腔组织，因而具有轻而柔软的特性，其细度比 70 支纱羊毛细 30%，比羊毛轻 20%。

（2）保暖　兔毛保暖性比棉花高 90.5%，比羊毛高 37.7%。

（3）吸湿性　吸湿性是评价高档毛纺原料的重要指标，也是保健服装的重要参数。兔毛纤维的吸湿性为 52% ~ 60%，而羊毛纤维的为 20% ~ 30%，化学纤维的仅 0.1% ~ 7.5%。

（4）透气性　兔毛纤维的透气性好，是生产高档衬衫、运动衫和保健品的理想原料。

（5）缓解关节、肌肉等疾病所引起的疼痛感　其主要原因是兔毛聚集着大量的静电荷[①]。此外，兔毛保温性能好、吸水力强，能够吸附人体排泄的汗液，保持皮肤表面干燥，温度均匀。

目前，兔毛织品掉毛、缩水和强度小等缺陷已通过技术创新得到解决。

> **兔皮**

与野生动物的毛皮比较，兔皮是廉价的皮革皮草加工原料，尤其是獭兔皮，具有质地轻柔保暖的特性，可染色

①据资料报道，猫皮表面电荷 0.5 伏特，静电量 2.15×10^{-13} (Qf)；而含 75% 兔毛的纺织品表面电荷就达 800 伏特，静电量 3400×10^{-13} (Qf)。

成为野生动物皮毛的仿制品，具有广泛的消费人群。獭兔皮制作的服装服饰，如大衣、帽子、围巾、手套、胸花等，以及室内装饰品和玩具（如熊猫、兔、犬等），在国内外市场深受欢迎（图1-13、图1-14、图1-15、图1-16）。

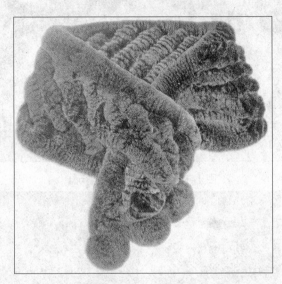

图1-13　围　巾

图1-14　兔皮制作的玩具

图 1-15　兔皮制作的熊猫玩具

图 1-16　兔皮制作的"装死兔"饰品

①通常 1 只成年兔每年可积粪 100 千克左右。施用兔粪比其他有机肥料可使小麦增产 30％左右，使水稻增产 20％～28％。长期施用兔粪，能改良土壤，增加土壤中的有机质含量，减少或防止作物的病虫害。

在保护环境、保护生态、保护野生动物呼声日益高涨的今天，作为毛皮动物的獭兔，其发展前景诱人。

▶ **兔粪**

兔粪是高效的有机肥料，含有的氮、磷、钾总量高于其他家畜粪便（表 1-2），是动物粪尿中肥效高的有机肥料①；另外，还可作动物饲料和药用等，具有杀虫、解毒等作用。

表1-2　兔粪与其他主要畜禽粪肥成分

类别	含氮量（毫克）	含磷量（毫克）	含钾量（毫克）	每1 000千克畜禽粪相当于		
				硫酸铵（千克）	过磷酸钙（千克）	硫酸钾（千克）
兔粪	2.3	2.3	0.8	108.48	100.90	17.85
猪粪	0.6	0.4	0.4	28.30	17.60	8.92
牛粪	0.3	0.3	0.2	14.14	13.16	4.46
羊粪	0.7	0.5	0.3	33.50	21.96	6.70
鸡粪	1.5	0.8	0.5	70.91	35.10	11.2

　　兔粪经过发酵等处理[①]可作为鱼、猪、土元、蚯蚓和草食动物的饲料[②]。

其他副产品

　　家兔的其他副产品具有很高的经济价值。例如，兔肝脏可以提取硫铁蛋白，该蛋白具有抗氧化、抗衰老和提高免疫力的作用，被称为"软黄金"，价格昂贵。

家兔是理想的实验动物

　　家兔是医学、药学和生殖科学的理想实验动物。此外，目前很多生物制品（如疫苗、抗体、生物保健品等）也用家兔来生产。

2. 家兔是高效节粮型草食家畜

饲粮以草为主

　　家兔是严格的单胃草食家畜，日粮中草粉的比例一般占40%～45%，其他的农副产品（如麸皮、饼粕等）占据相当的比例。与耗粮型的猪和鸡相比，在我们这个拥有13亿人口、土地资源短缺和粮食生产压力巨大的国家，更适合大力发展家兔生产。

生产力强

　　家兔是高产家畜，具有性成熟早、妊娠期短、胎产仔数多、四季发情、常年配种、一年多胎，以及仔兔生长发育速度快、出栏周期短的优势。在农家养殖条件下，

①乳酸发酵：是将兔粪拌以麸皮或米糠，然后加入少量乳酸菌，密闭产热杀死各种微生物。

②据德国报道，家兔饲料中添加10％干兔粪，日增重达20～25克，对饲料转化率无影响；另外，也可添加20％的发酵兔粪。猪饲料中可添加60％的兔粪。用兔粪饲喂蚯蚓，每千克新鲜兔粪可生产100克蚯蚓团。

1 只母兔 1 年可提供 30 只商品兔，在集约化饲养条件下可提供 48 只以上的商品兔，每年提供的活兔重相当于母兔体重的 18.75 ~ 30 倍。在目前家养的哺乳动物中，家兔的产肉能力是很高的。

▶ **饲料转化率高**

在良好的饲养条件下，肉兔 70 日龄可达 2.5 千克出栏体重，其料重比在 3：1 左右。而其饲料中，一多半是草粉和其他农副产品。与目前的家养动物相比，家兔以草换肉、以草换皮和以草换毛的效率是很高的。每公顷草地畜禽生产能力见表 1-3。

毛兔的产毛效率也高于其他家畜，见表 1-4。

表 1-3　每公顷草地畜禽生产力

畜　种	蛋白质（千克）	能量（兆焦）	生产 1 千克肉消耗的消化能（兆焦）
肉兔	180	422.8	684.5
禽	92	262.7	517.2（鸡）
猪	50	451.2	671.1
羔羊	23 ~ 43	120 ~ 308.6	1 120（绵羊）
肉牛	27	177.1	1 284.7

表 1-4　长毛兔与其他家畜生产能力比较

畜　　种	生产 1 千克毛消耗的消化能（兆焦）	比较（%）
绵　羊	2 520	100
安哥拉山羊	920	36
长毛兔	710	29

由此可见，无论是单位面积产肉量，还是肉的营养价值，家兔均名列前茅。因此，家兔是节粮型畜牧业的最佳畜种之一。

3. 养兔业属"节能减排型"畜牧业

家兔产业是资源节约型畜牧业，家兔产业对水、电、建材等资源的消耗小于家禽业和养猪业。家兔产业又是环境友好型畜牧业，种草养兔可改善当地环境气候。国内大中型兔场都种植有大面积的优良牧草，兔业的发展巩固了退耕还草区的种草成果。家兔的粪便含有丰富的有机质，是非常好的改良土壤的肥料。如果配合以发酵沼气发电和生物复合肥等配套生产设施，则完全符合"节能减排"的要求。

4. 养兔是农民脱贫致富的有效途径

与其他养殖业相比，养兔业具有投资少、见效快、效益高等优点。许多从事养兔生产的人深有体会地说："赚钱何必背井离乡，养兔可以实现梦想；致富何必去经商，养兔可以奔小康。"

近年来，在我国乃至世界很多欠发达地区的农民通过养兔脱贫，一些城郊农民通过养兔致富，一些下岗职工通过养兔重新就业，一些倒闭企业的老板转产养兔重新找到支点，一些从煤炭、工业起家的大老板投资兔业生产。无数事例说明，养兔业是一个朝阳产业。

5. 带动相关产业的发展

养兔业的发展可带动相关产业的快速发展，如饲料工业、兽药和添加剂制造业、食品工业、生化制药业、毛纺和皮革加工业，以及相关机械设备制造业的发展；另外，还有利于第三产业的发展和解决城乡就业问题。

6. 成本优势

在我国养兔具有饲草饲料资源优势、气候环境优势和廉价劳动力资源优势，而发达国家仅劳动力成本就难维持。据测算，我国养兔的综合成本比国外低30%~60%。因此，我国的兔产品在国际市场有较强的竞争力，这也是开发国际市场的有利条件。

7. 国内市场潜力巨大

据报道，我国年人均消费兔肉仅335克。但随着我国人民生活水平的逐步提高，为了国民素质的提高，兔肉消费一定会越来越多，不远的将来我国也将成为世界兔肉消费的大市场。

（二）欧洲兔业发展概况及趋势

欧洲是世界上家兔（尤其是肉兔）生产水平最高的地区，兔业科研水平位居世界前列。因此，了解欧洲兔业现状和科技水平，有利于我们借鉴先进家兔养殖技术和科学研究方法，提高我国养兔业水平。

2016年9月，作为欧洲兔业考察团成员之一，笔者对欧洲兔业进行历时10余天的实地考察，收获颇丰。目前欧洲兔业现状和发展趋势如下。

1.欧洲兔肉生产与消费呈现缓慢下降的态势

欧洲是世界主要兔肉生产区和主要消费区，但自1989年以来兔肉消费呈现缓慢下降的趋势（图1-17）。2013年欧洲产兔肉514 845吨（2016年FAO数据），兔肉主要生产国排名前10位的有意大利、西班牙、法国、德国、俄国、乌克兰、希腊、保加利亚、斯洛伐克，其中意大利产量占欧洲总产量的近51%（表1-5）。欧洲兔肉主要消费国家人均消费前10名的有意大利、捷克、卢森堡、马耳他、西班牙、保加利亚、法国、塞浦路斯、

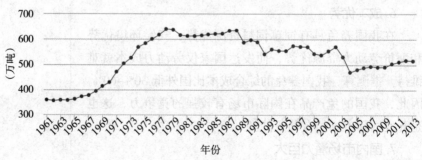

图1-17 欧洲兔业生产

斯洛伐克、希腊（表1-6）。

表1-5 欧洲前10个兔肉主产国的兔肉产量、进出口量及消费总量（2013）

排名	国家/地区	产量（吨）	进口（吨）	出口（吨）	人口（万人）	消费总量(吨)
1	意大利	262 500	2 619	816	6 125	264 303
2	西班牙	63 289	498	5 624	4 771	58 163
3	法国	52 131	2 323	5 272	6 465	49 182
4	捷克	38 500	1 234	493	1 065	39 241
5	德国	35 200	5 427	333	8 139	40 294
6	俄联邦	15 993	3 305	0	14 200	19 298
7	乌克兰	14 200	0	0	4 403	14 200
8	希腊	7 400	352	0	1 150	7 752
9	保加利亚	6 800	0	0	720	6 800
10	匈牙利	6 647	0	4 881	988	1 766

表1-6 欧洲前10个兔肉主要消费国及人均消费量（2013）

排名	国家/地区	产量（吨）	进口（吨）	出口（吨）	人口（万人）	人均消费(kg)
1	意大利	262 500	2 619	816	6 125	4.32
2	捷克	38 500	1 234	493	1 065	3.68
3	卢森堡	0	3 054	1 240	55	3.30
4	马耳他	1 725	0	0	54	3.19
5	西班牙	63 289	498	5 624	4 771	1.22
6	保加利亚	6 800	0	0	720	0.94
7	法国	52 131	2 323	5 272	6 465	0.76
8	塞浦路斯	864	7	0	117	0.74
9	斯洛伐克	4 000	82	3	551	0.74
10	希腊	7 400	352	0	1 150	0.67

欧洲兔肉消费持续缓慢下降的主要原因有：①新一代年轻人多数不会烹调兔肉，认为烹调兔肉比较麻烦。②随着生活节奏的加快，消费者不愿意用更多的时间烹饪兔肉。另外，欧洲素食主义者逐年增多，对肉类包括兔肉消费有一定影响。针对以上情况，法国兔业跨行业协会（CLIPP）做了大量的宣传工作，通过电视宣传片、制作卡通画册、建立兔肉推广网站等形式，介绍兔肉的营养特点、烹饪方法等，以推广兔肉消费。

2.重视肉兔配套系的培育和人工授精技术的应用

欧洲肉兔配套系育种处于全球领先地位，其选育的配套系生产性能优良、适应性强，市场占有率很高。著名的肉兔育种公司主要有法国克里莫集团的海法姆公司（Hypharm）、法国的欧洲兔业公司（Eurolap）等。海法姆公司培育的伊普吕（Hyplus）和欧洲兔业公司培育的伊拉（Hyla）等配套系在工厂化肉兔生产过程中起了重要的作用。

以上两个育种公司都与法国农业科学研究院（INRA）有深度的合作，而且育种持续时间长，在选育过程中不断采用新技术，如 BLUP 方法等，提高了选种的准确性并缩短了遗传进展，所选育的配套系具有高而稳的产仔数，窝仔兔均匀度好，仔兔适应性、抗病力强，生长兔生长速度快、饲料利用率高等特点。

据悉，从 2017 年 7 月 1 日起，Hypharm 和 Eurolap 正式合并，肉兔育种公司强强联合将对世界肉兔种兔选育和销售产生深远的影响。

人工授精技术已成为欧洲兔业生产中的常规技术，与同期发情技术配合，为全进全出制生产模式提供了保障。

3.重视肉兔营养需求研究和饲料生产工艺的改善

随着肉兔配套系的推广，与之配套的母兔、商品肉兔的营养需要量也随之得到深入研究，并制定出各自的营养需要量标准，如Lebas-F推荐的集约化肉兔饲养标准，被世界各国广泛采用。

良好的饲料生产工艺是促进肉兔养殖自动化的保障。欧洲饲料厂的环模压缩比都在20以上，有些公司的环模压缩比更高，达（100~120）：3.8，所生产产品的粉率很低，非常适合于在自动化喂料设备上使用。饲料通过罐车运输到养殖场兔舍外的饲料塔中（图1-18）。使用罐车运输饲料既降低了包装成本和装运成本，也减少了拆包倒料的二次污染概率（图1-19）。

图1-18　饲料塔

图1-19　用罐车运输饲料

4.重视饲喂自动化、环境控制自动化的应用

在欧洲，即便是家庭农场也采用封闭兔舍养兔，母兔、公兔笼具均采用单层笼饲养，笼具用热镀锌处理。乳头式饮水器制作精良，无漏水现象。采用自动喂料系统，自动化控制光照，自动清粪系统（图1-20）。通风采取纵向通风模式或横向通风模式。兔场均具备降温和加温设施，空气质量好，环境温度相对恒定，这些都促进了生产水平的持续提高。

图1-20 现代化兔舍

5.实行"全进全出制"饲养模式，生产效率高

在欧洲，规模兔场均采取同期发情、同期配种、同期产仔、同期出栏，实现"全进全出"制饲养模式。采用的42天/49天等繁殖周期，提高了兔群生产效率。表1-7为法国肉兔生产技术指标，其中母兔更新率13%~14%，仔兔成活率92.3%，育肥期成活率91%。每只母兔年产出商品兔数量52~53.4只，商品兔73日龄出售，出售体重为2.47千克，全程料重比（饲料转化效率）3.3：1。

表1-7　法国肉兔生产技术指标（2014—2015）

	生产指标	批次数量	2014年平均	2014年变异系数（%）	2015年平均	2015年变异系数（%）
母兔	母兔更新率（%）	5 732	13.3	53	14.2	55
	母兔存活率（%）	5 673	96.3	68	96.0	68
	每次人工授精产仔率（%）	5 989	82.9	7	82.6	8
	每次人工授精合计产仔数（只）	5 980	10.69	14	10.67	9
	每次人工授精合计产活仔数（只）	5 695	10.08	8	10.08	8
	生长兔占出生兔百分比（%）	5 631	92.5	6	92.2	6
	产箱内成活率（%）	5 624	92.3	5	84.9	5
	每次产仔的断奶仔兔数（只）	5 975	8.57	8	8.55	8
	每次人工授精断奶仔兔数（只）	5 979	7.11	11	7.08	12
	育肥期成活率（%）	5 980	91.3	73	91.8	73
	每次产仔售出商品兔数量（只）	5 980	7.84	11	7.86	11
	每次人工授精售出商品兔数量（只）	6 003	6.51	14	6.51	15
	每只母兔年产出商品兔数量（只）	730	52.0	22	53.4	21
	每次人工授精平均每只母兔出售商品兔活重（千克）	5 772	15.75	18	15.78	18
育肥兔	中等大小活兔体重（千克/只）	5 782	2.47	6	2.47	5
	售出商品兔的平均日龄（天）	5 869	73.5	6	73.8	6
	不能售出商品兔百分比（重量比）（%）	5 753	2.06	76	2.2	72

6.采取生物安全措施，做好重大疾病的防控

为保障兔群健康，减少药物使用，多数兔场采取了生物安全技术措施：①所有与兔舍相通的地方均安装了铁丝纱网，防止昆虫等进入兔舍，减少细菌或病毒的传入；②实行"全进全出制"生产模式；③加强消毒；④环境控制自动化；⑤精选饲料原料，饲粮配方科学；⑥采用限制饲喂方式，控制小肠结肠炎等消化道疾病的发生。

7.动物福利法对肉兔产业产生深远的影响

动物福利组织对畜牧业的影响不容忽视，动物福利法规对欧洲乃至世界的兔产业都产生了较大的影响。这些动物福利组织的工作主要集中在给动物造成长期痛苦的四大领域：工厂化养殖场、实验室、皮草贸易和动物娱乐产业。

欧洲兔产业的动物福利法规始于2006年，荷兰是欧洲第一个对兔的动物福利立法的国家，法律规定了兔舍空气、笼具尺寸、光照强度、肉兔的玩具、饲料营养等各项指标。政府每年检查养兔场的各项指标是否合格，并处罚不达标的肉兔养殖场。然而，欧洲各国的动物福利标准并不统一，福利笼具的宽度为38～53厘米，长度为100～120厘米，但高度规定不低于60厘米（图1-21）。

图1-21 福利养殖笼位

每只母兔的笼位面积，荷兰规定≥4 500 厘米 ^{2}，德国规定≥5 500 厘米 ^{2}。

福利养殖降低了生产效率，增加了饲养成本，削弱了兔肉的市场竞争力。一些公司开始宣传散养肉兔的好处，引导消费者不要购买非福利养殖生产的兔肉，以促进福利养殖生产的兔肉以较高价格销售。

值得注意的是，欧洲的肉兔动物福利法规也催生了一些双重标准，比如规定在欧洲养殖的散养母兔可以做人工授精，而规定中国散养母兔不能做人工授精。这制约了中国福利养殖商品肉兔产品的出口，产生了贸易上的不公平。

（三）我国养兔业存在的问题及对策

1.我国养兔业存在的问题

养兔业具有广阔的前景，但近年来我国养兔生产出现了几起几落，农民养兔收入呈现不稳定的态势，严重阻碍了广大农民脱贫致富的步伐。其原因主要有：

【国内消费偏低】

我国目前人均消费兔肉仅 335 克，消费量很低。兔毛以原料或初加工产品出口为主，兔产品对出口的依存度较高，国际市场一旦有风吹草动，国内养兔生产就面临寒冬。2013 年"手拔毛"事件导致我国兔毛市场一蹶不振，就说明了这一点。

【生产效率相对低下】

近年来，随着兔业技术的普及，我国兔业生产水平有了很大的进步，每只母兔年出栏商品兔达 40 只左右，但与欧洲每只母兔年出栏商品兔 52～53 只相比，还有一定的差距。欧洲一个饲养人员管理 800～1 000 只基础母兔，我国条件好的可以管理 500 只左右。欧洲为 3.3：1

（全程），中国为 3.5∶1（以商品肉兔计）。我国养兔生产中饲料利用率比较低。

【政府支持力度偏低】

与其他养殖业相比，目前养兔业属于弱势产业，而作为养兔生产主体的广大农民的抗风险能力较低。如果没有政府的支持，多数地区的养兔生产则会随市场的消涨而自生自灭。

【科研研发能力相对滞后】

据最近国家兔产业技术体系调研结果：国内部分省市，如四川、山西、江苏、浙江、山东等地方政府虽然对兔业科研的投入较高，但与猪、牛、鸡、羊等畜禽养殖业科研投入比较来看，对家兔的科研投入还是很低，而且全国省市之间差异很大。许多兔业生产中的关键技术尚未解决，养兔生产率较低。

【信息交流不畅】

兔产品生产者和市场之间信息交流渠道不畅，导致生产与消费之间脱节；盲目扩大生产或减少生产，导致市场起起落落。价格高高低低，市场忽冷忽热，严重挫伤了广大农民的养兔积极性。

2.采取的对策

【扩大国内兔产品消费】

采取宣传、引导等方式，积极扩大国内兔产品消费，使之形成国内、国际市场相互竞争的格局。

目前，世界年人均消费兔肉较多的国家有意大利（4.32 千克）和卢森堡（3.30 千克）等。而我国兔肉人均消费仅 335 克，消费潜力很大。为了提高国人的身体素质和健康水平，增加国人的兔肉消费是一条可行的途径。中国畜牧业协会兔业分会为了扩大国内消费，将每年的 6 月 6 日定为兔肉节，这将对促进国人消费兔肉起到良好作用（图 1-22）。兔肉大型加工企业也要大力做好宣传工

作，扩大内需，只有这样兔产品市场的繁荣才能有希望
(图 1-23)。

积极加大兔皮、兔毛市场开发力度，开发自主品牌，
做强做大。

随着国人对兔产品消费量的增加，我国兔产品市场
价格将保持相对稳定，为广大农民养兔持续增收提供
保障。

图 1-22　2013 年在山西高平市举办的中国兔肉节会场

图 1-23　兔头专卖店

【普及配套技术，提高生产效率和经济效益】

积极推广新品种（配套系），重视兔舍建设，实现环
境自动控制（自动清粪、自动通风换气、自动控温控
湿），采用"全进全出制"饲养模式（同期发情、同期配

种、同期产仔、同期出栏），科学配制饲料，利用自动饲喂技术、依靠生物安全措施控制重大疫病，对产品进行深加工，最终达到生产效率提高、经济效益增加的目标。

【呼吁政府加大对养兔业的扶持力度】

养兔是穷人的产业，每当市场低迷，养兔户往往血本无归，而对原本想依靠养兔脱贫致富的广大农民会是雪上加霜。建议政府像对待养牛、养猪、养禽等产业一样对待养兔户，在市场价格大落时给予一定的补助，让养兔户渡过难关。

【增加兔业科技投入力度】

加大兔产业科技投入力度，尽快攻克兔产业关键技术，提高养兔生产率。与其他畜禽相比，各地在家兔方面的科研投入相对较少。我国是世界养兔大国，加大对兔业科技的投入，受益的首先是我国广大养兔户或企业。建议在国家成立兔产业技术体系的基础上，重点产区建立本区域的兔产业技术体系。采取地方与国家联合攻关的方式，攻克制约养兔生产的关键技术难题，支持兔业的健康及可持续发展。

【加强信息传递】

加大信息网络平台建设力度，为养兔生产者和消费者设架设桥梁。生产者可以根据市场供求关系，及时调整养殖规模，进行供给侧改革，减少盲目生产带来的损失。消费者也可通过信息平台，获得价廉物美的兔产品。

（四）提高养兔经济效益的技术途径

1.选养适宜的家兔类型和品种（配套系）

选择养什么兔？首先要关注国家相关政策，同时要通过咨询相关加工企业、专家及实地调研等方式，综合考虑进行决策，另外还要以发展的眼光看待市场。

2016年7月6日农业部制定的《全国草食畜牧业发展规划（2016—2020年）》中，把家兔列入其中，指出因地制宜地发展兔、鹅、绒毛用羊、马、驴等特色草食畜产品，满足肉用、毛用、药用、骑乘等多用途特色需求，积极推进优势区域产业发展，支持贫困片区依托特色产业精准扶贫脱困。根据此规划，各地出台了一些扶持兔产业发展的相关政策。

兔业实现规模化、工厂化养殖，需要投入资金较多，技术力量要求较高，但在生产效率高、兔肉市场稳定的情况下，发展兔业生产可以获得稳定的收入。规模化兔场以饲养配套系，如伊普吕、伊拉、康大Ⅰ、康大Ⅱ、康大Ⅲ等为主；散户以饲养比利时兔、塞北兔、新西兰白兔、加利福尼亚兔等为主。

獭兔具有皮肉双相价值，效益比较高，但獭兔生产需要较高的投资和技术水平。一般情况下獭兔皮市场坚挺的时候，肉兔市场常呈现下行的行情。有色獭兔皮张无需染色，对环境和人体无害。从发展的眼光来看，发展彩色獭兔生产具有广阔的前景。白色獭兔以饲养四川白獭兔或高产兔种（成年体重3~5千克，皮毛密度大、平整度好）为主，有色獭兔以饲养青紫蓝色、海狸色等色型为主。

毛兔市场受国际行情影响较大，受2013年"手拔毛"事件的影响，兔毛出口受到严重制约。为此，我国广大兔毛加工企业要着力开发自己的产品，打造自己的品牌，以维持兔毛市场的持续稳定。饲养长毛兔以我国的浙系长毛兔、皖系长毛兔或溯系长毛兔为主，这些品种产毛量高、适应性好。

有试验兔订单时，养殖试验兔可以获得丰厚的利润。

在大城市周边可以生产观赏兔。也可根据市场情况，发展两种或两种以上的家兔饲养。

2.适宜的养殖规模

养殖规模的大小应根据自身经济实力、技术力量、土地面积及管理水平等确定。目前肉兔生产配套技术已经成熟，规模可以适当大一些。獭兔、毛兔所占笼具较多，人力需要也多，规模不宜过大。切忌不考虑自身条件一味地追求大规模，这样往往会适得其反。

3.兔舍标准化、环境控制自动化、清粪机械化、饲喂自动化

随着劳动力成本的持续提升和土地资源的短缺，建议新养殖企业在进行兔场建设或老场改建时，努力实现兔舍立体化、兔笼标准化、环境控制自动化、清粪机械化或自动化、饲喂自动化等。虽然一次性投资较大，但节省人力，劳动生产率和生产效率都会显著提高，从长远来看是合算的。

4.饲料资源本地化、饲粮均衡化

据测算，养兔的饲料成本占整个饲养成本的70%以上，因此如何降低饲料成本应作为企业的一项长期工作来做。自行生产饲料的场（户）尽量使用当地饲料原料，设计科学合理的饲料配方。肉兔饲养标准可以参考李福昌等推荐的"肉兔营养需要"标准，獭兔饲养可参考谷子林或笔者推荐的獭兔饲养标准进行；药物使用严格按照农业部公告"禁用兽药目录"规范用药。

外购饲料要选择附近信誉度较高的大型饲料加工企业，并签订购销合同。

5.抓好兔群繁殖工作,提高每只母兔的年出栏率

做好兔群繁殖工作是养兔场经济效益提高的前提。积极采取人工授精技术，及时进行妊娠检查，采取综合技术措施提高仔幼兔成活率，最终达到提高兔群每只母

兔的年出栏率。目前，采用肉兔配套系生产的养殖场，每只母兔年出栏在欧洲可达 52~53 只，这应该是我国养兔业努力的目标。每只母獭兔年出栏商品獭兔争取达到 28~30 只。

6.实现"全进全出制"生产模式

"全进全出制"是一种先进的生产方式，该生产方式技术成熟，目前已在肉兔生产中得到广泛采用。该生产方式具有生产有序、员工工作规律性强、有休息日和节假日，兔群健康风险小、成活率高，可为市场提供足量的规格一致的产品等特点。獭兔养殖也要积极推广该模式，以提高生产效率。

7.做好兔群安全生产

如何降低兔群发病死亡率，保障兔群安全是实现高效益的前提。根据当地、本场兔病流行特点，制定兔群安全生产措施并严格执行，做好兔瘟、魏氏梭菌病、大肠杆菌病、球虫病等重大疾病的防控工作。不得随意乱扔乱丢病死兔，严格按照农业部颁布的《病死及病害动物无害化处理技术规范》进行处理。

8.重视环境排放问题

随着人们对健康的重视，不仅食品安全受到愈来愈多的重视，居住和生活环境同样受到愈来愈密切的关注。比较来说，兔业虽然还不是污染严重的行业，但养殖和加工过程中的粪尿排放和废弃物处理，也必须遵守国家环保方面的相关法律法规，如《畜禽规模养殖污染防治条例》。

在修建新场时，按照国家环境保护管理的规定开展环境影响评价，其污染防治设施及排泄物综合利用设施必须与主体工程同时设计、同时施工、同时投产使用。在适养区域现有养殖场污染超标排放的，必须限期治理，实现达标排放。

9.实现兔业生产供给侧改革，生产适销对路的兔产品

兔场经营者应该经常性地根据市场对兔产品的需求来调节生产，如市场对低端兔皮的需求量较大、价格合理时，商品獭兔可以提早出栏；如市场对高端兔皮需求量大时，则相应地延迟出栏。同样也可根据养毛期的长短来生产不同档次的兔毛。

10.以人为本，提高员工的积极性

养兔生产是一项细致、耐心的工作，员工的工作热情和责任心与兔群生产效率的提高和产品质量的提高息息相关。因此，在制定激励机制的同时，企业主应经常与员工谈心，倾听他们在工作生活的诉求，激发他们的工作激情，以便做好本职工作。

11.重视互联网＋在兔产业中的应用

互联网已覆盖到我们生活的方方面面。作为兔业生产者要充分利用互联网平台，为我所用。例如，利用互联网进行信息收集，原料、药品（疫苗）、笼具等的采购，产品销售、技术咨询和兔病远程诊断等。

二、家兔的生物学特性

目标
- 了解兔的生活习性
- 熟悉兔的消化特点
- 掌握家兔的繁殖特性

（一）家兔的生活习性

➤ 昼伏夜行性

　　家兔是从野生穴兔驯化而来的。穴兔体格弱小，御敌能力差，在"适者生存"的自然选择下，形成了昼伏夜行的习性。家兔至今仍保留着这种习性，夜间十分活跃，采食、饮水次数频繁。据测定，家兔夜间采食的饲粮和水占全天采食量的60%左右。白天除采食、饮水活动外，大部分时间家兔处于静卧、闭目养神甚至睡眠状态(图2-1)。

图2-1　白天休息或闭目养神（任克良）

根据家兔这一习性，合理安排饲养日程，晚上要给其饲喂充足的饲料和饮水，在冬季夜长时更应如此。白天除饲喂和做必要的管理工作外，尽量不要影响家兔的休息和睡眠。

▶ 胆小、易受惊

家兔是一种胆小的动物，遇到突然的响声、生人或陌生动物（如猫、犬等），家兔都会受惊，在笼里乱跳乱撞，同时发出很响的顿足声和低沉的叫声。这种异常响声可使相邻的其他兔出现同样的反应，会对家兔造成不良影响。兔受到惊吓时，食欲下降，掉膘严重者发生截瘫（图2-2）；孕兔发生流产；正在分娩的母兔停止产仔，有时吃掉仔兔；带仔的母兔突然跳向产窝或在窝内顿足，踏死初生仔兔；正在哺乳的母兔中止喂奶，可把正在吃奶的仔兔带出产箱（俗称叼乳）。因此应注意：①兔场应选择在安静、噪声小的地方。②兔舍要有防止野兽、犬、猫等动物侵入的措施，如门、窗上装铁丝网或纱窗。③日常管理操作中，动作要稳，尽量避免发出使兔群惊恐的响声。④避免无关人员进入兔舍。⑤采取母仔分离法饲养。

图2-2 受惊造成的截瘫（任克良）

▶ 喜干燥、爱清洁

家兔抵抗疾病的能力很差，如果环境潮湿、污秽，就容易滋生病原微生物，增加患病机会。因此，家兔在多年的生存繁衍中形成了"爱清洁、喜干燥"的习性。如经常看到家兔卧在干燥的地方，成年兔在固定位置排粪尿，常用舌头舔拭自己体躯的被毛，以清除身上的脏物等（图2-3）。所以，修建兔场、兔舍及在日常饲养管理中，必须遵循"干燥、清洁"的原则，合理选择场址，科学设计兔舍和兔笼，定期清扫和消毒兔舍、笼具。这样既可减少疾病的发生，同时可提高兔产品（皮、兔毛）的质量。

图2-3　家兔喜欢干净

▶ 视觉迟钝、嗅觉灵敏

家兔视觉不发达，但嗅觉十分灵敏，常用嗅觉识别饲料，采食前常先用鼻子闻一闻再吃。母兔通过嗅觉可辨认出仔兔是否是自己生的，因此管理上要注意防止仔兔染有其他气味，否则母兔不哺乳甚至咬死仔兔。寄养仔兔时，必须进行适当的处理后方可进行寄养。

▶ 群居性差，更具好斗性

与马、牛等家畜相比，家兔的群居性很差、好斗。常常看到散养的家兔，大都是各自寻觅食物，稍有异常声响就四散逃跑，俗称"炸群"。群养的家兔，经常发生争斗和吵架，尤其是公兔之间，常常咬得遍体鳞伤，甚至咬掉睾丸，失去种用价值，重者被咬死。獭兔的这一特性必须引起注意。因为一旦咬伤皮肤，毛皮质量就要降低，甚至严重影响皮张的利用价值。因此，生产中只有幼兔才能群养，3月龄以上的兔必须分笼饲养。

▶ 易发脚皮炎

家兔好动，每天运动量大，足底与底板的摩擦增加，容易将踏地部分足毛磨光，伤及皮肤而发炎，患脚皮炎（图2-4），獭兔更易发。笼底为金属网丝结构、定竹条的钉子外露时或环境温热时，更易发病。发病兔采食量下降，体重下降，毛皮质量变差，有的甚至消瘦、衰竭死亡。为此，饲养家兔的笼底板最好用竹板制作，且应挫平竹节，固定竹板的钉子不能外露。

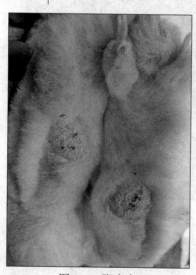

图2-4 脚皮炎

▶ 仔幼兔惧寒，成兔惧热

仔兔怕冷，成兔怕热。兔舍低温时，仔兔变得不好动、蜷缩，甚至四肢运步不便，似病态。冬季家兔舍内温度不可低于10℃，炎热季节要注意防止成兔中暑。

▶ 穴居性

家兔至今仍保留其祖先打洞穴居的习性，穴居有利于隐藏自体和繁殖后代。怀孕的母兔更喜打洞，用锐利的前爪，一夜之间就可打成一个洞，并在洞中产仔。因此，在修建兔舍和确定饲养方式时，应针对这一习性，采取相应的措施，以免因选材不当或设计不合理，致使家兔在舍内打洞造穴，给饲养管理、疾病防疫带来困难，同时严重影响家兔毛皮质量。也可利用家兔的穴居特性，建地窖式产仔窝。

（二）家兔的采食习性

▶ 草食性

家兔属单胃草食动物，以植物性饲料为主，主要采食植物的根、茎、叶和种子。家兔特异的口腔构造、较大容积的消化道、特别发达的盲肠和特异淋巴球囊的功能等，都是对草食习性的适应。

▶ 择食性

家兔对饲料具有选择性，像其他草食动物一样，喜欢吃素食，不喜欢吃鱼粉、肉骨粉等动物性饲料。因此，添加动物性饲料时，必须均匀地拌在其他饲料中，并由少到多，或在饲料中加入一定量的调味剂（如大蒜粉、甜味素等）。

植物性饲草中，家兔喜欢吃多叶性饲草，如豆科牧草；不喜欢吃叶脉平行的草类，如禾本科级草。在各类饲料中，家兔喜欢吃整粒的大麦、燕麦，而不喜欢吃整粒的玉米。多汁饲料中喜欢吃胡萝卜等。家兔喜欢吃带甜味的饲料，因此有条件的地方，可将制糖副产品或甜菜丝拌入饲料中以提高适口性。家兔也喜欢吃添加植物油（如玉米油等）的饲料。与粉料比较，家兔更喜欢采食颗粒料。

▶ 啃咬性

家兔的大门齿是恒齿，不断生长，必须啃咬硬物，以磨损牙齿，使之保持上下颌牙齿齿面的吻合。当饲料硬度小而牙齿得不到磨损时，就会寻找易咬物体，如食槽、门、产箱、踏板等磨牙，否则易导致畸形齿。用颗粒饲料喂兔时，应经常检查其硬度。硬度小、粉料多时，应通过及时调整饲料水分、更换模板等方法，获得硬度高的颗粒料。饲喂粉料时，可在笼内投放一些木板和树枝，让兔啃咬磨牙。制作兔笼、用具时，笼具材料要坚固，笼内要平整，尽量不留棱角，以延长使用寿命。

▶ 异食癖

家兔除了正常采食饲料和吞食粪便外，有时会出现食仔、食毛、食足等异常现象，称之为异食癖（图2-5、图2-6、图2-7、图2-8）。

图2-5　食仔癖：被母兔吞食的剩余仔兔残体

图2-6　右边兔在啃食左边兔的兔毛

图2-7　被自己啃食的被毛

（1）食仔癖　发生食仔现象的主要原因有：①饲粮营养不平衡。②母兔产仔时受到惊扰，巢窝、垫草或仔兔带有异味，或未及时取出死胎等。③与生俱来的遗传倾向。

对于有食仔恶癖的母兔，应采取人工催产、人工辅助哺乳和母仔分离饲养方法等措施加以控制。

（2）食毛症　食毛现象多发生在深秋、冬季和早春等气候多变期，以1~3月龄幼兔多发，分为自食和互食两种。

（3）食足癖　饲料营养不平衡，患寄生虫病，内分泌失调等会导致兔出现食足癖。患兔不断啃咬脚趾，伤口经久不愈（图2-8）。

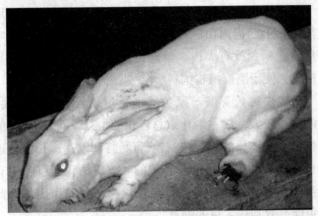

图2-8　食足症

被啃咬的后脚趾，已露出趾骨，并有出血（任克良）

（三）家兔的消化特点

▶ 消化器官的解剖特点

家兔的消化器官包括腔、咽、食管、胃、小肠（包括十二指肠、空肠和回肠）、大肠（包括盲肠、结肠和直肠）和肛门等（图2-9）。与其他动物相比，有以下

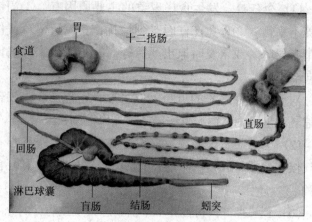

图 2-9　家兔消化系统（任克良）

特点：

（1）特异的口腔构造　家兔的上唇从中线裂开，形成豁嘴，上门齿露出，以便摄取接近地面的物体或啃咬树皮等。家兔没有犬齿，但臼齿发达，齿面较宽，并具有横嵴，便于磨碎植物饲料。

（2）发达的胃肠　家兔的消化道较长，容积也大。胃的容积较大，约占消化道总容积的 1/3。小肠和大肠的总长度为总体长的 10 倍左右。盲肠特别发达，长度接近体长，容积约占消化道总容积的 42%。结肠和盲肠中有大量的微生物繁殖，具有反刍动物第一胃的作用，因此家兔能有效利用大量的饲草。

（3）特异的淋巴球囊　在家兔的回肠和盲肠相接处，有一个膨大、中空、壁厚的圆形球囊，被称为淋巴球囊或圆小囊，为家兔所特有（图 2-10）。其生理作用有三个，即机械作用、吸收作用和分泌作用。回肠内的食糜进入淋巴球囊时，球囊借助发达的肌肉压榨进行消化，消化后的最终产物大量地被球囊壁的分支绒毛所吸收。同时，球囊不断分泌碱性液体，中和由于微生物生命活动而产生的有机酸，从而保证了盲肠内有利于微生物繁

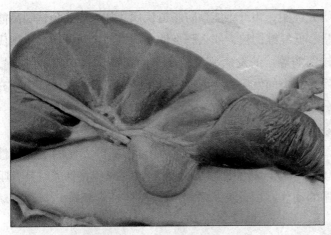

图 2-10 淋巴球囊（任克良）

殖的环境，有助于饲草中粗纤维的消化。

能够有效利用低质高纤维饲料

一般认为，兔依靠结肠、盲肠中微生物和淋巴球囊的协同作用，能很好地利用饲料中的粗纤维。但很多研究表明，兔对饲料中粗纤维的利用能力是有限的。例如，对苜蓿干草中粗纤维消化率，马为 34.7%，兔仅为 16.2%。由于粗纤维饲料具有快速通过兔消化道的特点，因此在这一过程中，粗纤维饲料中大部分非纤维成分被迅速消化、吸收，排出的是难以消化的纤维部分。

能充分利用粗饲料中的蛋白质

与猪、禽等单胃动物相比，兔能有效利用粗饲料中的蛋白质。以苜蓿蛋白质的消化率为例，猪低于 50%，而兔为 75%，大体与马相似。而兔对低质量的饲草，如玉米、秸秆等农作物所含蛋白质的利用能力却高于马。

由于有以上特点，因此家兔能够采食大量的粗饲料，并能保持一定的生产水平。

饲粮中粗纤维对家兔必不可少

饲粮中粗纤维对维持家兔正常消化机能有重要作用。

研究证实,粗纤维能预防肠道疾病。如果给家兔饲喂高能量、低纤维饲粮,那么肠炎性疾病(如大肠杆菌病、魏氏梭菌病等)的发病率就较高;而提高饲粮中粗纤维含量后,肠炎的发病率就下降。因此,在饲料配方设计中要充分考虑兔的这一特性,保持饲料中足够比例的粗纤维。

▶ 食粪性

食粪性是指家兔具有吞食自己部分粪便的本能特性(图 2-11),其生理意义见图 2-12。家兔在食粪时具有咀嚼的动作,因此有人称之为假反刍或食粪癖。与其他动

图 2-11 正在食粪的兔子(任克良)

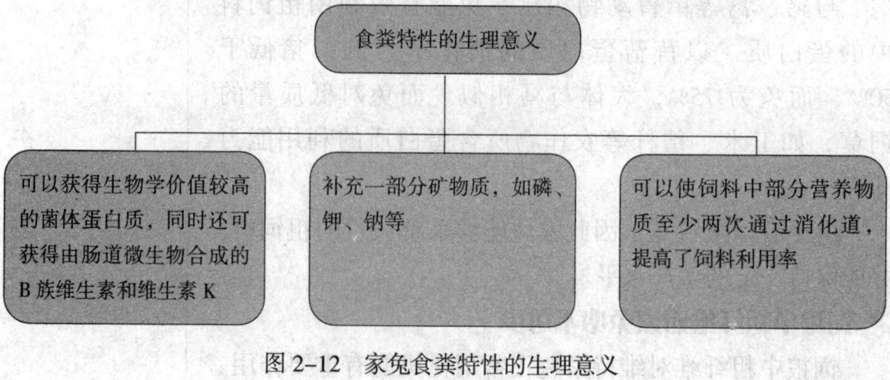

食粪特性的生理意义

可以获得生物学价值较高的菌体蛋白质,同时还可获得由肠道微生物合成的 B 族维生素和维生素 K

补充一部分矿物质,如磷、钾、钠等

可以使饲料中部分营养物质至少两次通过消化道,提高了饲料利用率

图 2-12 家兔食粪特性的生理意义

物的食粪癖不同，家兔的这种行为不是病理的，而是正常的生理现象，对家兔本身具有重要的生理意义。

能忍耐饲料中的高钙

与其他动物相比，家兔钙代谢的特点有：①钙的净吸收特别高，而且不受体内钙代谢需要的调节。②血钙水平也不受体内钙平衡的调节，直接和饲粮钙水平成正比，而不像其他动物，血钙水平较为稳定。③血钙的超过滤部分很高，其结果是肾脏对血钙的清除率很高。④过量钙的排出途径主要是尿，其他动物主要通过消化道。我们经常看到许多兔笼下的白色粉末状物就是由尿排出的钙盐。由于以上特点，因此即使饲粮中含钙较多时，也不影响家兔的生长发育，骨质也正常。

可以有效利用饲料中的植酸磷

植酸是谷物和蛋白质补充料中的一种有机物质，它和饲料中的磷形成一种难以吸收的复合物质——植酸磷。非反刍动物不能有效利用植酸磷，而家兔则可借助盲肠和结肠中的微生物，将植酸磷转变为有效磷，使其得到充分利用。因此，降低饲粮无机磷的添加量，不仅对家兔生长无不良影响，同时可减少了粪便中磷的排泄量，减轻了磷对环境的污染。

对无机硫的利用

在饲料中添加硫酸盐或硫黄，对家兔增重有促进作用。同位素示踪表明，经口服的硫酸盐（^{35}S）可被家兔利用，合成胱氨酸和蛋氨酸。这种由无机硫向有机硫的转化，与家兔盲肠微生物的活动和家兔的食粪习惯有关。

胱氨酸、蛋氨酸为含硫氨基酸，是家兔的限制性氨基酸，饲料中最易缺乏。生产中利用家兔可将无机硫转化为含硫氨基酸这一特点，在饲料中加入价格低、来源广的硫酸盐来补充含硫氨基酸的不足，从经济方面考虑是可行的。

消化系统疾病发生率高

家兔特别容易发生消化系统疾病，尤其是腹泻。仔兔、幼兔一旦发生腹泻，死亡率就很高。造成腹泻的主要诱发因素有高碳水化合物、低纤维饲粮、断奶不当、腹部着凉、饲料过细、体内温度突然降低、饮食不卫生、饲料突变和滥用抗生素等。

（1）高碳水化合物、低纤维饲料与腹泻　给家兔饲喂的高碳水化合物（即高能量）、高蛋白、低纤维饲粮，通过小肠的速度加快，未经消化的碳水化合物（即淀粉）可迅速进入盲肠。盲肠中有大量的淀粉时，就会导致一些产气杆菌（如大肠杆菌、魏氏梭菌等）的大量繁殖和过度发酵，破坏盲肠内正常的微生物区系。这些致病的产气杆菌同时会产生毒素，毒素被肠壁吸收后可使肠壁受到破坏，肠黏膜的通透性增高，大量的毒素被吸收入血，造成全身性中毒，引起兔腹泻并导致死亡。此外，由于肠道内过度发酵，产生的挥发性脂肪酸增加了后肠内液体的渗透压，大量水分从血液进入肠道，也可造成腹泻。因此，粗质纤维对维持兔肠道内正常消化功能有重要作用，饲粮中必须含有足够的粗纤维（主要是木质素），才可预防腹泻的发生。

最近研究结果表明，粗纤维的颗粒不宜过小。

（2）断奶与腹泻　断奶不当也容易引起仔兔腹泻。这是因为从吃液体的乳汁完全转变到吃固体饲料的过程中，突然变换饲料可引起断奶仔兔的应激反应，改变了肠道内的生理平衡，一方面减少了胃内抗微生物奶因子的作用；另一方面断乳兔胃内盐酸达不到成年兔胃内的酸度水平，因此不能有效杀死进入胃内的微生物（包括致病菌）。同时，断奶幼兔对有活力的病原微生物或细菌毒素比较敏感，因此特别容易发生胃肠道疾病，如腹泻。

为此，养兔实践中常采取有效措施，降低因断奶不当所造成的腹泻的发病率（图 2-13）。

（3）腹部着凉与腹泻　家兔的腹壁肌肉比较薄，特

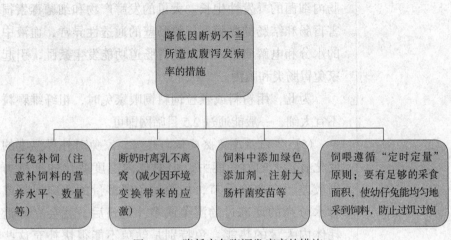

图 2-13　降低家兔腹泻发病率的措施

别是仔兔脐周围的被毛稀少，腹壁肌肉更薄。当兔舍温度低或家兔卧在温度低的地面（如水泥地面）受到冷刺激时，肠蠕动加快，小肠内尚未消化吸收的营养物质便进入盲肠。由于水分吸收减少，盲肠内容物会迅速变稀从而影响盲肠内环境；同时消化不良的小肠内容物刺激大肠，使大肠的蠕动亢进而造成腹泻。仔兔对冷热刺激的适应性和调节能力差，所以特别容易因着凉而导致腹泻。

腹部着凉引起的腹泻极易造成继发感染，故要提高舍温，避免兔腹部着凉。同时对腹泻兔及时用抗生素或微生态制剂进行治疗。

（4）饲料过细与腹泻　家兔采食的过细饲料入胃后，形成坚密结实的食团，胃酸难以浸透食团，使胃内食团 pH 长时间保持在较高的水平，有利于微生物的繁殖，并使胃内细菌进入小肠，细菌产生毒素，导致家兔腹泻或死亡。

家兔盲肠的生理特点是能主动选择性吸收小颗粒，

结肠袋能选择性地保留水分和细小颗粒，并通过逆蠕动送回盲肠。颗粒分子太细，会使盲肠负荷加大，诱发盲肠内细菌的暴发性生长。大量的发酵产物和细菌毒素损害盲肠和结肠的黏膜，导致肠壁的通透性异常，血液中的水分和电解质进入后，使胃肠道功能发生紊乱，引起家兔胃肠炎和腹泻。

为此，用粉料或颗粒饲料饲喂家兔时，粗纤维颗粒不宜太细，一般能通过 2.5 目筛网即可。

(5) 体内温度突然降低与腹泻　家兔对外界温度的变化有较大的耐受能力，但对体内温度变化的抵抗力则较差。在寒冷季节，如给幼兔喂多量的冰冻湿料或含水分高的冰冻过的湿菜或多汁饲料后，就会立即消耗体内大量的热能。兔特别是幼兔不能很快补充这些失去的热能，就会引起肠道过敏。受凉的肠道运动增强而使内部机能失去平衡，并诱发肠道内细菌的异常增殖而造成肠壁的炎症性病变，幼兔就易发生腹泻。养兔实践中，当饲料中干物质和水分的比例超过 1∶5 时，家兔就容易发生腹泻，尤其在寒冷季节，这一点应引起注意。

(6) 饲料突变及饮食不洁与腹泻　饲料突变及饮食不洁使兔的肠胃不能适应，改变了消化道的内环境，破坏了正常的微生物区系，导致消化道紊乱，诱发大肠杆菌病、魏氏梭菌病等疾病。因此，要特别注意饲料成分的相对稳定和卫生，坚持"定时、定量、变化饲料逐步进行"的原则。

(7) 抗生素与腹泻　保持家兔肠道内微生物区系相对平衡是家兔消化功能正常运转的基本保障，选择适当的抗生素可以预防和治疗家兔消化道疾病，而不恰当的使用抗生素是造成胃肠功能紊乱、诱发其他疾病的常见原因。因此，用抗生素防治家兔疾病时要慎重选择抗生素种类，新开发的抗生素初次使用时要做小群试验，证明安全才可大群使用；给药方式应根据药物特性、家兔消化道特点等选择；抗生素用药时间不宜过长，否则极易诱发其他疾病。

（四）家兔的繁殖特性

▶ 繁殖力强

家兔繁殖力强，表现为多胎、窝产仔数多、怀孕期短、年产窝数多，而且性成熟早，繁殖不受季节的影响，一年四季均可发情配种。不过气温过高或过低都会影响受胎率。在良好的饲养管理条件下，母兔一般年产 5～6 胎，每胎产仔 6～8 只，每年可获断奶仔兔 25～50 只，表现出很强的繁殖力。

▶ 刺激性排卵

刺激性排卵就是成熟卵子的排出，出现在母兔受刺激（如交配、药物刺激）之后。母兔排卵多发生在交配后 10～12 小时，母兔在发情期内如果不予交配，就不排卵，或成熟的卵子（图 2-14）逐渐老化而被机体吸收。

图 2-14　母兔卵巢（上面有成熟的卵泡）(任克良)

家兔的这一特性，对生产极为有利，人们可以采取强制交配的方法（但提倡限制使用此方法），使之受胎，并获得正常产仔。另外，人工授精前后，必须做刺激性处理（如与试情公兔交配或注射药物，图2-15）。

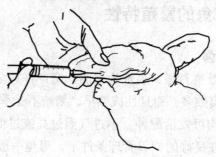

图2-15　耳静脉注射促排卵药物

▶ 属双子宫阴道射精型动物

家兔有两个子宫共同开口于阴道（图2-16），由于母兔阴道特别长，而公兔的阴茎比较短，因此决定了

图2-16　双子宫（未生产母兔的
　　　　生殖系统）（任克良）

公兔的射精位置为阴道射精型。为此，在人工授精时，输精管不能插得过深。否则，会造成单侧子宫受孕，影响繁殖力。

▶ 卵子大

家兔的卵子是目前所知哺乳动物中最大的，直径约为160微米，是许多科学研究的好材料。

▶ 公兔的睾丸位置因年龄而异

初生仔兔睾丸位于腹腔内，附着于腹壁；4~8周龄时睾丸下降到腹股沟内，这时从外部不易摸到；11周龄时公兔阴囊已形成，成年家兔的睾丸在阴囊里。兔的腹股沟管宽而短，终生不封闭，有时睾丸可回到腹股沟管内或腹腔内。如果检查睾丸或阉割时遇到此情况，可将兔头提起，用手拍打家兔臀部，睾丸就会进入阴囊里。

▶ 泌乳

在饲养的哺乳动物中，家兔泌乳是独特的。多数母兔1天仅喂一次乳，时间往往在清晨，并且2~5分钟完成。个别母兔也会在仔兔初生2~3天内哺乳多次。了解这一特性，生产中可以采取母仔分离饲养法，每天早上喂一次或早晚喂两次仔兔，以达到提高仔兔成活率和母兔年繁殖力的目的。

母兔的泌乳量多，乳的营养成分极为丰富。泌乳量从产后到第3周，一直呈上升趋势，第3周达到泌乳高峰，第4周开始逐渐下降。为此，对仔兔要适时断奶（图2-17）。

▶ 母兔"假孕"

母兔因相互爬跨、异常兴奋或与试情公兔交配排出卵子而未受精；卵巢内形成黄体，并分泌孕酮，刺激母兔生殖系统的其他部分，使乳腺激活，表现为不接受公兔交配、乳腺膨胀、衔草做窝等，好似妊娠。这种现象称假妊娠，一般持续16~18天。由于假妊娠期母兔不能

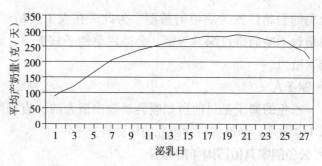

图 2-17 杂种母兔在不同泌乳阶段的产奶量

发情和受胎，影响繁殖。因此在生产中一旦发现假孕母兔，应及时处理（如注射前列腺素）。假妊娠兔易发生妊娠毒血症。

（五）家兔的体温调节特点

家兔属于恒温动物，正常体温一般是 38.5～39.5℃，环境临界温度为 5～30℃。外界气温高于或低于临界温度[①]，均会使家兔的生产性能下降。因此，为保持家兔最佳的生产性能，调节兔舍温度是十分重要的。

▶ 家兔体温调节机能不全

仔兔怕冷，成兔怕热。家兔被毛密度大，汗腺很少，仅分布于唇的周围和鼠蹊部。家兔是依靠呼吸散热的动物。长期高温对家兔的健康是有害的，特别容易发生中暑（图 2-18）。在高温季节要注意防暑降温。

实践证明，当外界温度在 32℃ 以上时，家兔的生长发育和繁殖率显著下降。如果兔长期在 35℃ 或更高温度条件下，则会引起死亡。相反，在防雨、防风的条件下，成年兔能够忍受 0℃ 以下的温度。可见成年兔耐冷不耐热。

仔兔怕冷（图 2-19）。初生仔兔全身无毛，体温调节机能很差，体温不恒定。生后第 10 天，体温才趋于恒定；30 天后被毛基本形成，对外界环境才有一定的适应

①临界温度是指兔体内所产生的热量能维持正常体温的外界气温。

图 2-18　中暑的家兔：全身瘫软（任克良）

图 2-19　仔兔怕冷：聚集在一起相互取暖

能力。因此，生产实践中，仔兔需有较高的环境温度，以防被冻死。

▶ 适宜的环境温度

不同生理阶段的家兔要求的环境温度不同，初生仔兔需要较高的温度，最适温度为 30～32℃（图 2-20）。成年兔不耐高温，适宜温度为 15～20℃。一般适合家兔

图 2-20　初生的仔兔（身上无毛）(任克良)

生长和繁殖的温度是 15～25℃。

（六）家兔的生长发育规律

仔兔出生时，体表无毛，耳、眼闭塞，各系统发育都很差，体温调节功能和感觉功能更差。出生后 3～4 日龄绒毛长出；11～12 天开眼，开始有视觉；21 天时出窝吃饲料。仔兔体重增加很快，一般初生时为 40～60 克，生后 1 周体重可增加 1 倍以上，4 周龄时其体重约为成年体重的 12%，8 周龄时体重约为成年体重的 40%，8 周龄后生长速度逐渐下降。

家兔早期生长速度快（图 2-21），因此在早期可给予商品肉兔较高的营养物质，发挥其生长速度快的优势。当生长速度转慢的时候进行出售或屠宰，生产者获利就较高。

母兔的泌乳力和窝产仔数都会影响幼兔的早期生长发育。加强泌乳母兔的饲养管理，合理调整哺乳仔兔数，以获得较高的断奶重，断奶重将影响家兔一生的生长速度和成活率。

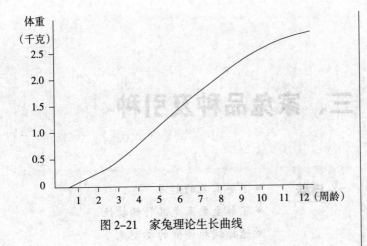

图 2-21　家兔理论生长曲线

三、家兔品种及引种

目标
- 了解家兔的起源
- 了解主要家兔品种的特性
- 选择饲养适宜的类型兔
- 掌握引种技术

品种对兔产业的贡献率达 40%，为此，了解家兔品种及特性，选择饲养适宜的类型及品种，对提高规模兔场的经济效益至关重要。

（一）家兔的起源

目前普遍认为饲养的家兔品种是从欧洲野生穴兔驯化而来的。在动物分类学上，家兔的分类地位为：动物界（Animalia）、脊索动物门（Chorgata）、脊索动物亚门（Vertebrata）、哺乳纲（Mammalia）、兔形目（Lagomorpha）、兔科（Leporigae）、兔亚科（Leporinae）、穴兔属（*Oryctolagus*）、穴兔种（*Oryctolagus Cuniculus Linnaeus*）、家兔变种 [*Oryctolagus Cuniculus Var.domestieus* (Lym-elin)]。

分布于我国各地的野兔都属兔类，即旷兔。穴兔与旷兔有着明显的区别（表 3-1），生产中试图用我国野兔与经穴兔驯化而来的家兔进行杂交，从理论上讲这是无法实现的。

表 3-1　穴兔与旷兔的区别

项　目		穴　兔	旷　兔
分类地位		穴兔属	兔属
外貌特征		体型较大，除个别品种一般耳比较大	耳较小，体型也较小
生活习性		夜行性、穴居性、群居性等	早晚活动，无穴居性和群居性
是否会打洞		会打洞	不会打洞
繁殖季节		无明显的季节性，一年四季均可	一年 1～2 次
怀孕期（天）		30～32	40～42
胎产仔数		平均 7 只左右	1～4 只
初生仔兔特征		全身裸露无毛，眼睛和耳朵未开，基本没有行动能力，无法自行调节体温	全身有毛，开眼，有听力和行动能力
解剖特征	四肢	四肢较短，不善跑动	四肢较长，善于奔跑
	头骨	顶尖骨终生与上枕骨不愈合	顶尖骨终生与上枕骨愈合
染色体（个）		44	48
人工饲养		容易	难

(二) 家兔品种的分类

1. 经济用途分类

▶ **肉用兔**

主要用于生产兔肉，毛皮也可利用，如新西兰白兔、加利福尼亚兔等。

▶ **皮用兔**

主要用于生产兔皮，也有较高的肉用价值，如力克斯兔（獭兔）、哈瓦那兔、亮兔、银狐兔等。

▶ **毛用兔**

主要用于生产兔毛，如浙系长毛兔等。

▶ **实验用兔**

主要用于科学试验的家兔品种，如日本大耳白兔、新西兰白兔等。

▶ 观赏用兔

主要指外貌奇特，或毛色珍贵，或体格微小，用于人们观赏的家兔（图3-1），如公羊兔、小型荷兰兔等。

图3-1　观赏兔

▶ 兼用型

其经济特性具有适于两种或两种以上利用价值的家兔，如青紫蓝兔。

2. 体型大小分类

▶ 大型兔

成年体重在5千克以上，如弗朗德巨兔等。

▶ 中型兔

成年体重4~5千克，如新西兰白兔、德系安哥拉兔等。

▶ 小型兔

成年体重2~3千克，如中国白兔等。

▶ 微型兔

成年体重在2千克以下（图3-2），如荷兰小型兔。

图 3-2　微型兔（任克良）

（三）主要品种介绍

1. 肉用兔

新西兰白兔

原产地：美国。

外貌特征：被毛纯白，体型中等，头圆额宽，耳较宽厚而直立，腰肋肌肉丰满，后躯发达，臀圆（图 3-3）。

生产性能：成年体重 4.0~5.0 千克。繁殖性能好，胎产仔数 7~8 只，耐频密繁殖。

图 3-3　新西兰白兔（任克良）

特点：早期生长发育快，肉质细嫩。脚底被毛粗密，能防脚皮炎。适应性及抗病力强。低营养水平时，早期增重快的优点难以发挥。

杂交利用情况：加利福尼亚兔作父本与新西兰白兔母兔杂交，杂种优势明显。

多用于中小规模养兔户饲养和试验兔生产。

▶ 加利福尼亚兔

原产地：美国。

外貌特征：被毛纯白，惟两耳、四肢、鼻端、尾部为褐色或黑色。体型中等，头圆额宽，耳较宽厚而直立，腰肋肌肉丰满，后躯发达，臀圆（图3-4）。

图3-4　加利福尼亚兔（任克良）

生产性能：成年体重4.0~5.0千克。繁殖性能好，胎产仔数7~8只。母性好，被誉为"保姆兔"，耐频密繁殖。

特点：早期生长发育快，肉质细嫩。脚底被毛粗密，能防脚皮炎。适应性及抗病力强。低营养水平时，早期增重快的优点难以发挥。

杂交利用情况：加利福尼亚兔作父本与新西兰白兔、比利时兔等母兔杂交，杂种优势明显。

多用于中小规模养兔户饲养。

➤ 弗朗德巨兔

原产地：比利时。

外貌特征：在我国长期误称为比利时兔。与野兔颜色相似，但被毛颜色随年龄增长由棕黄色或栗色转为深红褐色。头型粗大，体躯较大，四肢粗壮，后躯发育良好（图3-5）。

图3-5　弗朗德巨兔（任克良）

生产性能：兼顾体型大和繁殖性能优良的品种。成年兔体重5~6千克。窝产仔数6~7只。

特点：适应性强，耐粗饲，生长快，繁殖性能良好。采食量大，饲料利用率、屠宰率均较低。体型较大，笼养时易患脚皮炎。

杂交利用情况：作父本或母本，杂交效果均较好。

多用于中小规模养殖场饲养。

➤ 公羊兔（垂耳兔）

原产地：北非。

外貌特征：两耳长大，下垂。头粗重，形似公羊，故名公羊兔。颈短，背腰宽，臀圆，皮肤松弛。性情温驯，不喜活动。毛色棕麻色居多，也有白色、黑色等（图3-6）。

生产性能：成年兔体重为5千克以上。

特点：公兔性欲差，配种受胎率低；母兔哺育力不强，年产窝数少，成活率不高。商品兔骨大皮松，出肉率低等。不适合规模饲养。

杂交利用情况：作杂交用父本与比利时兔杂交，杂种优势明显。

多用于小规模养殖场饲养或用于观赏兔饲养。

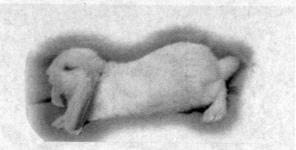

图 3-6　法国公羊兔（白色）　（吴淑琴）

中国白兔

原产地：中国。

外貌特征：嘴尖，头型清秀，耳小直立，体型短小，结构紧凑，被毛白色，红眼（图 3-7）。

生产性能：成年体重 2.35 千克。繁殖性能好。

特点：适应性强，但产肉性能较差。

杂交利用情况：性成熟早，易配种，年产胎次多（可达 7~8 胎），适应性好，可作新品种育种材料。

图 3-7　中国白兔

目前，该品种被列入国家保种名录，在保种场有饲养。

▶ 青紫蓝兔

原产地：法国。

外貌特征：标准型耳短竖立，体型小。大型耳较长大，母兔有肉髯（图 3-8）。

生产性能：成年体重标准型 2.5~3.5 千克，大型 4~6千克。

特点：适应性和抗病力强，耐粗饲，繁殖力和泌乳力高，皮板厚实，毛色华丽，是良好的裘皮原料。缺点是生长速度慢，饲料利用率较低。

杂交利用情况：多作为杂交用母本。

多用于中小养殖场饲养。因皮毛珍贵，所以饲养价值较高。

图 3-8 青紫蓝兔

▶ 日本大耳白兔

原产地：日本。

外貌特征：被毛白色，两耳直立、大而薄，耳根细，耳端尖，形似"柳叶"。体型较大，躯体较长，棱角突出，肌肉不够丰满。母兔颌下有发达的肉髯（图 3-9）。

生产性能：成年体重 4~5 千克，繁殖力强，泌乳性能好，常用作"保姆兔"。

特点：生长发育较快，适应性强，耐粗饲。皮张品质优良。也是理想的试验用兔。缺点是骨骼较大，屠宰率较低。

主要用于试验兔生产。

图 3-9 日本大耳白兔（任克良）

▶ **塞北兔**

原产地：中国张家口农业专科学校培育。

外貌特征：有黄褐色、纯白色和草黄色三种色型。耳宽大，一耳直立，一耳下垂。颈部粗短，颈下有肉髯，四肢短粗、健壮（图 3-10 至图 3-12）。

生产性能：成年体重 5.0~6.5 千克。繁殖力较高，窝产仔数 7~8 只。

特点：耐粗饲，生长发育快，抗病力强，适应性强。易患脚皮炎、耳癣。

杂交利用情况：多作杂交用父本。

适合于中小规模养殖场饲养。

2. **肉用兔杂交配套系**

▶ **齐卡肉兔配套系（ZIKA）**

原产地：德国。1986 年由四川省畜牧兽医研究所引入我国。

生产性能：在德国的生产性能：为父母代母兔窝产

图 3-10　黄褐色塞北兔

图 3-11　白色塞北兔（吴淑琴）

图 3-12　黄色塞北兔（吴淑琴）

活仔 9.2 只，商品育肥兔 28、56、70、84 日龄体重分别为 0.6、2.0、2.5 和 3.1 千克，28~84 日龄饲料报酬 3∶1。

　　在我国开放式自然饲养条件下，商品兔 90 日龄体重达 2.58 千克。日增重 32 克以上，料重比（2.75~3.3）∶1。

　　组成及配套模式： 为三系配套系。

　　适合于大规模养殖场饲养。

▶ 布列塔尼亚兔（艾哥）

　　原产地： 法国艾哥（ELCO）公司培育而成。

　　生产性能： 父母代公兔性成熟期 26~28 周龄，成年体重 5.5 千克，28~70 日龄日增重 42 克，饲料报酬 2.8∶1。

①德国巨型白兔（G系）：为祖代父系，全身被毛纯白色，红眼，耳大直立，头粗重，体躯长大而丰满（图3-13）。成年体重6～7千克，初生重70～80克，35日龄断奶重1～1.2千克，90日龄体重2.7～3.4千克，日增重35～40克，饲料报酬3.2∶1。巨型白兔耐粗饲，适应性较好，年产3～4胎，胎产仔6～10只。

②大型新西兰白兔（N系）：为祖代父系和祖代母系，全身被毛白色，红眼，头粗重，耳短、宽、厚而直立，体躯丰满，呈典型的肉用砖块体型（图3-14）。成年体重4.5～5.0千克。该兔早期生长发育快，肉用性能好，饲料报酬高（3.2∶1）。据德国品种标准介绍，该品种56日龄体重1.9千克，90日龄体重2.8～3.0千克，年育成仔兔50只。

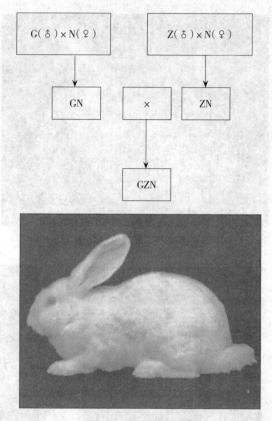

图3-13　齐卡G系①

图3-14　齐卡N系②

图3-15 齐卡Z系①

父母代母兔被毛白色，性成熟期117日龄，成年体重4.0~4.2千克，胎产活仔数10~10.2只。商品代兔70日龄体重2.4~2.5千克，饲料报酬（2.8~2.9）：1。

组成及配套模式：由四个专门化品系组成的配套系。

▶ 伊拉（Hyla）

原产地：法国欧洲育种公司育成。

生产性能：商品代外貌呈加利福尼亚色，28日龄断奶重680克，70日龄体重2.25千克，日增重43克，饲料报酬（2.7~2.9）：1，屠宰率58%~59%。

组成及配套模式：为四系配套系（曾祖代A②和B③为八点黑，C④和G⑤为白色）。

适合于肉兔工厂化饲养。

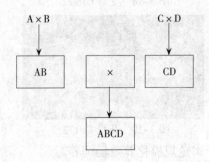

①德国合成白兔（Z系）：为祖代母系，被毛白色，红眼，头清秀，耳短薄直立，体躯长而清秀（图3-15）。繁殖性能好，母兔年育成仔兔60只，平均每胎产仔8~10只。幼兔成活率高，适应性好，耐粗饲。成年体重3.5~4.0千克，90日龄体重2.1~2.5千克。

②A系：为祖代父系，全身白色，鼻端、耳、四肢末端呈黑色，成年体重5.0千克，受胎率76%，平均胎产仔数8.35只，断奶死亡率10.31%，饲料报酬3.0：1。

③B系：为祖代母系，全身白色，鼻端、耳、四肢末端呈黑色，成年体重4.9千克，受胎率80%，平均胎产仔数9.05只，断奶死亡率10.96%，日增重50克，饲料报酬2.8：1。

④C系：为祖代父系，全身白色。成年体重4.5千克，受胎率87%，平均胎产仔数8.99只，断奶死亡率11.93‰。

⑤D系：为祖代母系，全身白色，成年体重4.5千克，受胎率81%，平均胎产仔数9.33只，断奶死亡率8.08‰。

①A系（GP111，图3-16）：为祖代父系，成年体重5.8千克以上，性成熟期26～28周龄，70日龄体重2.5～2.7千克，28～70日龄饲料报酬2.8：1。

②B系（GP121，图3-17）：为祖代母系，成年体重5.0千克以上，性成熟期（121±2）天，70日龄体重2.5～2.7千克，28～70日龄饲料报酬3.0：1，每只母兔每年可生产断奶仔兔50只。

③D系（GP122，图3-18）：为祖代母系，成年体重4.2～4.4千克，性成熟期（117±2）天，年产成活仔兔80～90只，具有极好的繁殖性能。

④C系（GP172，图3-19）：为祖代父系，成年体重3.8～4.2千克，性成熟期22～24周龄，性情活泼，性欲旺盛，配种能力强。

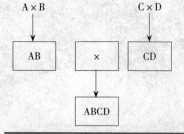

图3-16　艾哥 GP111①

图3-17　艾哥 GP121②

图3-18　艾哥 GP122③

图3-19　艾哥 GP172④

适合于肉兔规模化养殖场饲养。

▶ 伊普吕

伊普吕属肉用型配套系。

原产地： 由法国克里默兄弟育种公司培育。我国山东伟诺集团有限公司、青岛康大兔业发展有限公司和济源市阳光兔业科技有限公司等企业先后引进数批在各地推广饲养。

生产性能： 该配套系为四系配套，由祖代A系（公）[①]、祖代B系（母）[②]、祖代C系（公）[③]和祖代D系（母）[④]组成(图3-20至图3-23)。

商品代兔： 被毛白色，耳、足、鼻、尾有黑色。初生体重65～70克，断奶体重1 035克，70日龄活重2.5～2.55千克，料重比（3.0～3.2）：1，屠宰率57%～58%。平均每窝（人工授精）产肉17～18.5千克，出栏成活率93%以上（图3-24）。

图3-20 祖代A系（公）

图3-21 祖代B系（母）

①祖代A系（公）：巨型白兔，初生重73克，断奶体重1 220克，日增重58～60克，70日龄体重3.25千克，屠宰率59%～60%。成年兔体重（6.5±0.6）千克。使用年限1～1.5年（图3-20）。

②祖代B系（母）：被毛白色，耳、足、鼻、尾有黑色。初生重78克，断奶体重1 180克，日增重56～61克，70日龄体重3.15千克，屠宰率59%，成年兔体重（6.2±0.55）千克。18～19周龄初配，使用年限1～1.5年（图3-21）。

③祖代C系（公）：被毛白色，耳、足、鼻、尾有黑色。初生重66克，断奶体重1 020克，70日龄体重2.3～2.4千克，成年兔体重（4.6±0.4）千克。21～23周龄初配，产活仔数9.2～9.5只，使用年限0.8～1.5年（图3-22）。

④祖代D系（母）：被毛白色。初生重61克，断奶体重920克，70日龄体重2.2～2.3千克，成年兔体重（4.7±0.4）千克。18～19周龄初配，产活仔数9.2～9.5只。使用年限0.8～1.5年（12胎）（图3-23）。

图3-22　祖代C系（公）

图3-23　祖代D系（母）

① 父母代 AB（公）：被毛白色，耳、足、鼻、尾有黑色。初生重 75 克，断奶体重 1 200 克，70 日龄体重 3.1～3.2 千克，料重比（3.1～3.3）：1，屠宰率 58%～59%，成年体重 6.3～6.7 千克。20 周龄初配。使用年限 1～1.5 年。

② 父母代 CD 母：被毛白色，耳、足、鼻、尾有黑色。初生重 62 克，断奶体重 1 025 克，70 日龄体重 2.25～2.35 千克，料重比（3.1～3.3）：1，成年体重 4.7 千克。17 周龄初配，母兔乳头数 9～10 个，窝产仔数 10～11 只，母性好。使用年限 0.8～1.5 年。

图3-24　商品代兔

配套模式：

A♂ × B♀　　　　　　　C×D　　祖代

↓　　　　　↓

AB①♂　　　　×　　　　CD②♀　　父母代

↓

ABCD　　　　　　商品代

该配套系适宜在设备先进、技术力量较强的规模较大的养殖场推广饲养。

▶ 康大肉兔配套系

原产地：中国青岛。由青岛康大兔业发展有限公司和山东农业大学培育而成。于 2011 年 10 月通过国家畜禽遗传资源委员会审定。

生产性能：康大肉兔配套系包括康大Ⅰ号、Ⅱ号和Ⅲ号，由Ⅰ系①、Ⅱ系②、Ⅴ系③、Ⅵ系④和Ⅶ系⑤按照不同模式配套而成。

图3-25 康大肉兔专门化品系—Ⅰ系

图3-26 康大肉兔专门化品系—Ⅱ系

图3-27 康大肉兔专门化品系—Ⅴ系

①Ⅰ系：被毛纯白色（图3-25）。窝均产活仔数9.2～9.6只。28日龄、35日龄平均断奶个体重分别为650克以上和900克以上。全净膛屠宰率为48%～50%。

②Ⅱ系：被毛白色，两耳、鼻黑色或灰色，尾端和四肢末端浅灰色（图3-26）。母性好，泌乳力强。窝均产活仔数9.3～9.8。28日龄、35日龄平均断奶个体重分别为650克以上和900克以上。全净膛屠宰率为50%～52%。

③Ⅴ系：被毛纯白色（图3-27）。呈典型的肉用体型。有效乳头达4对。

④Ⅵ系：被毛纯白色。窝均胎产活仔数8.0～8.6。28日龄、35日龄平均断奶个体重分别为700克以上和950克以上。全净膛屠宰率为53%～55%。

⑤Ⅶ系：被毛黑色，部分深灰色或棕色。被毛较短。眼球黑色（图3-28）。窝均产活仔数8.5～9.0只，28日龄平均断奶个体重700克。全净膛屠宰率53%～55%。

图 3-28　康大肉兔专门化品系—Ⅶ系

配套系组成：康大Ⅰ号配套系为三系配套，由Ⅰ系、Ⅱ系和Ⅵ系 3 个专门化品系组成。

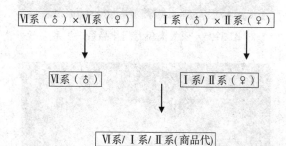

商品代（Ⅵ系 / Ⅰ系 / Ⅱ系）：体躯被毛白色或末端灰色。10 周龄出栏体重 2 400 克，料重比低于 3.0；12 周龄出栏体重 2 900 克，料重比（3.2～3.4）∶1。屠宰率 53%～55%（图 3-29）。

图 3-29　康大 1 号肉兔配套系断奶商品代仔兔

康大 2 号配套系为三系配套，由 I 系、II 系和 VII 系 3
个专门化品系组成。

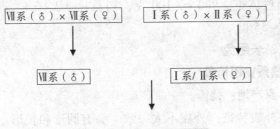

商品代（VII 系 / I 系 / II 系）：被毛黑色，部分深灰色
或棕色。10 周龄出栏体重 2 300～2 500 克，料重比 2.8～
3.1；12 周出栏体重 2 800～3 000 克，料重比 3.2～3.4。
屠宰率 53%～55%（图 3-30）。

图 3-30　康大 2 号肉兔配套系—商品代

康大 III 号配套系为四系配套，由康 I 系、II 系、VI
系和 V 系专门化品系组成。

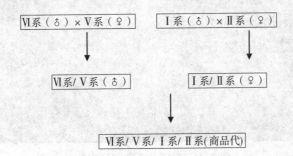

商品代(Ⅵ系/Ⅴ系/Ⅰ系/Ⅱ系)：被毛白色或末端黑毛色。10周龄出栏体重2 400~2 600克，料重比低；12周出栏体重2 900~3 100克，料重比3.2~3.4。屠宰率53%~55%。

3. 长毛兔

▶ 德系安哥拉兔

原产地：德国。

外貌特征：外貌不太一致。头有圆形和长形。面部被毛较短。耳尖有一撮毛，四肢、脚部、腹部被毛都较浓密；两耳中等偏大、直立（图3-31）。

生产性能：属绒毛型长毛兔。成年体重3.5~4.0千克。繁殖力较强，窝均产仔数6只。年产毛量为800~1 000克。

特点：被毛密度大，细毛含量高（95%以上），毛丛结构明显，兔毛不易缠结，品质好，适合于精纺。该品系耐高温性能较差，在高温季节会出现"不孕期"。对饲养条件要求较高。

▶ 法系安哥拉兔

原产地：法国。

外貌特征：头部稍尖削，额部、颊部、四肢均为短

图3-31 德系长毛兔（任克良）

毛。耳长且宽，耳壁较薄，耳背部无长毛。大部分兔耳尖也无长毛，仅少数耳尖部有少量长毛。腹毛较短。体躯中等长，骨骼较粗壮（图3-32）。

生产性能：属粗毛型长毛兔。成年体重3.5~4.8千克。年产毛量平均为700~800克。

特点：兔毛中粗毛含量高达20%左右，毛纤维较粗。适合于粗纺、制作外套等。繁殖力高，泌乳性能好，适应性、抗病力强。

图3-32 法系长毛兔

▶ 浙系长毛兔

原产地：中国浙江。由浙江嵊州市畜产品有限公司、宁波市巨高兔业发展有限公司和平阳县全盛兔业有限公司三家育成。2010年通过国家畜禽遗传资源委员会审定。

体形外貌：体形长大，肩宽，背长，胸深，臀部圆大，四肢强健，颈部肉髯明显。头部大小适中，呈鼠头或狮子头形，眼红色，耳有半耳毛、全耳毛和一撮毛三个类型。全身被毛洁白、有光泽，绒毛厚而密，有明显的毛丛结构，颈后、腹部及脚毛浓密（图3-33至图3-35）。

图 3-33 浙系长毛兔——嵊州系

图 3-34 浙系长毛兔——巨高系

生产性能：成年体重母兔 5.4 千克，公兔 5.2 千克。胎均产仔数（6.8±1.7）只，3 周龄窝重（2 511±165）克，6 周龄体重（1 579±78）克。11 月龄估测年产毛量公兔 1 957 克，母兔 2 178 克。对 180～253 日龄 73 天养毛期的兔毛进行品质测定，松毛率公兔 98.7%、母兔

图 3-35 浙系长毛兔——平阳系（母兔）

99.2%，绒毛长度公兔 4.6 厘米、母兔 4.8 厘米，绒毛细度公兔 13.1 微米、母兔 13.9 微米，绒毛伸度公兔 42.2%、母兔 42.2%。

皖系长毛兔

皖系长毛兔属中型粗毛型长毛兔。

原产地：中国安徽。由安徽省农业科学院畜牧兽医研究所、固镇种兔场、颍上县庆宝良种兔场等单位育成，2010 年通过国家畜禽遗传资源委员会审定。

外貌特征：体型中等，头圆、中等大。两耳直立，耳尖少毛或为一撮毛。全身被毛洁白（图 3-36 和图 3-37）。

生产性能：12 月龄体重公兔（n=20）4 115 克,母兔（n=32)4 000 克。5～8 月龄 91 天养毛期一次剪毛量公兔 278.7g、母兔 288.0g，折合年产毛量公兔 1 114.9g、母兔 1 152.1g。11 月龄粗毛率公兔 16.2%、母兔 17.8%。11 月龄毛纤维平均长度、平均细度、断裂强力、断裂伸长率，粗毛分别为 9.5 厘米、45.9 微米、24.7 厘牛顿和 40.1%，细毛分别为 6.9 厘米、15.3 微米、4.8 厘牛顿和 43.0%。

图 3-36 皖系长毛兔（公）

图 3-37 皖系长毛兔（母）

窝均产仔数 7.21 只。

适合于生产粗毛。

> **苏系长毛兔**

苏系长毛兔属粗毛型长毛兔。

原产地：中国江苏。由江苏省农业科学院畜牧兽医研究所与江苏省畜牧兽医总站共同培育。2010 年通过国家畜禽遗传资源委会审定。

外貌特征：体躯中等偏大，头圆、稍长。两耳直立、中等大，耳尖多有一撮毛。面部被毛较短，额毛、颊毛量少。全身被毛较密，毛色洁白（图3-38）。11月龄体重公兔4 245克、母兔4 355克。

图3-38　苏系长毛兔（中国畜禽遗传资源志）

生产性能：8周龄产毛量32.5克，11月龄兔估测年产毛量898克，粗毛率15.71%。被毛长度：粗毛8.25厘米、绒毛5.16厘米；被毛细度粗毛41.16微米、绒毛14.20微米，绒毛单纤维强度2.8克，伸度54.4%。窝均产仔数7.1只，产活仔数6.8只。

▶ 彩色长毛兔

育成于美国，我国已有引进。有黑、灰、棕、蓝、黄、红等色型（图3-39、图3-40）。用彩色兔绒加工的服饰色彩天然，不需染色，不含化学毒素，对人皮肤无害。彩色兔绒产品愈来愈受到消费者的欢迎，前景广阔。但目前彩色长毛兔体型偏小，产毛量较低，饲养规模小，产品开发及市场开拓滞后，因此应慎重饲养。

图 3-39　彩色长毛兔（灰色）(任克良)

图 3-40　彩色长毛兔（红色）(任克良)

4. 獭兔

▶ **原美系獭兔**

原产地：美国。

外貌特征：头小嘴尖，眼大而圆，耳中等直立，转动灵活，颈部稍长，肉髯明显，胸部较窄，腹部发达，背腰略呈弓形，臀部较发达，肌肉丰满（图3-41）。

生产性能：成年兔体重3.0~3.5千克。繁殖力较强，胎均产仔数6~8只，初生重40~50克。母性好，泌乳力强，40日龄断奶个体重400~500克，5~6月龄体重2.5千克。

特点：毛皮质量好、密度大、粗毛率低、平整度好。繁殖力较强。适应性好，易饲养。但体型偏小，品种退化较严重。

图3-41 原美系獭兔（任克良）

> **新美系獭兔**

原产地：美国。2002年由山西引入我国。

外貌特征：头大粗壮，胸宽深，背宽平，俯视兔体呈长方形（图3-42）。

生产性能：成年体重公兔3.8千克、母兔3.9千克。被毛密度大，毛长平均2.1厘米（1.7~2.2），平整度极好，粗毛率低。窝产仔数6.6只。

特点：被毛平整度好。群体中个体差异大，有待进一步选育提高。

图 3-42　新美系白色獭兔

▶ 法系獭兔

原产地：法国。1998 年由山东引入我国。

外貌特征：体型较大，胸宽深，背宽平，四肢粗壮。头圆颈粗，嘴巴呈钝形，肉髯不明显。耳朵短而厚，呈V形上举。眉须弯曲。被毛浓密，平整度好，粗毛率低（图 3-43），毛纤维长 1.55～1.90 厘米。

生产性能：成年体重 4.5 千克。窝均产仔数 7.16 只，初生个体重约 52 克。年产 4～6 窝，32 日龄断奶重 640 克，3 月龄体重 2.3 千克，6 月龄体重达 3.65 千克。

图 3-43　法系獭兔（沈培军）

特点：皮毛质量较好。对饲料营养要求高，不适于粗放饲养管理。

德系獭兔

原产地：德国。1997年由北京引入我国。

外貌特征：体大粗重，头方嘴圆，尤其是公兔更加明显。耳厚而大，四肢粗壮有力，全身结构匀称（图3-44）。

生产性能：成年体重4.5～5.0千克。生长速度快，6月龄平均体重4.1千克，被毛密度大。胎均产仔数6.8只，初生个体重54.7克。该品种的适应性、繁殖力不及美系兔。

特点：德系獭兔作父本与美系獭兔母兔杂交后，杂种优势明显。该品系的繁殖力较低，其适应性还有待于进一步驯化。

图3-44　德系獭兔（任克良）

四川白獭兔

原产地：该品系四川省草原研究所育成。2015年通过国家品种审定。

外貌特征：被毛白色。眼睛呈粉红色。体格匀称、结实，肌肉丰满，臀部发达。头型中等，公兔头型较母兔的大。双耳直立。腹毛与被毛结合部较一致，脚掌毛厚（图3-45）。

生产性能：成年体重 3.5～4.5 千克，体长和胸围分别为 44.5 厘米和 30 厘米左右，被毛密度23 000 根／厘米²，毛细度 16.8 微米，毛丛长 16～18 毫米。窝产仔数 7.29 只，窝产活仔数 7.10 只。8 周龄体重 1.27 千克，13 周龄体重 2.02 千克，22 周龄体重 3.04 千克。

图 3-45　四川白獭兔（刘汉中）

特点：体型较大，繁殖力强。

适合于规模养殖场饲养。

吉戎兔

原产地：该品系由解放军军需大学育成。

外貌特征：体型中等。全白色型体形较大，"八黑"色型体形较小。被毛洁白、平整、光亮。体型结构匀称，耳较长而直立，背腰长，四肢坚实、粗壮，脚底毛粗长而浓密。

生产性能：成年兔体重 3.5～3.7 千克，窝产仔数 6.9～7.22 只，初生窝重 351.23～368 克，初生个体重 51.72～52.9 克，泌乳力 1 881.3～1 897 克，断乳成活率 94.5%～95.1%。

特点：群体有待扩大。

加利福尼亚色型獭兔

外貌特征: 全身被毛白色, 唯耳、四肢、鼻端和尾部等为黑色或黑褐色。眼睛为粉红色, 爪为暗色 (图 3-46)。

生产性能: 成年体重母兔 3.89 千克、公兔 3.78 千克。窝产仔数 8.25 只。被毛长度 2.07 厘米。

特点: 密度大, 繁殖性能良好。

图 3-46 加利福尼亚色型獭兔 (任克良)

海狸色獭兔

原产地: 法国。目前, 在我国山西省农业科学院北京畜牧兽医所进行选育扩群。

外貌特征: 头型中等大小。被毛呈暗褐色或者红棕色、黑栗色, 背部毛色较深, 腹部毛为黄褐色或白色(我国现饲养的多为白色)。毛纤维的基部呈瓦蓝色, 中段呈浓橙色或黑褐色, 毛尖略带黑色。据观察, 海狸色毛色随年龄的增长逐渐加深。眼睛为棕色, 爪为暗色 (图 3-47)。

生产性能: 成年母兔体重 (3 485.98 ± 390.91) 克, 体长 (42.85 ± 1.82) 厘米, 胸围 (32.04 ± 1.75) 厘米, 臀部被毛长度 (1.94 ± 0.11) 厘米。公兔体重 (3 471.22 ± 357.19) 克, 体长 (41.85 ± 1.44) 厘米, 胸围 (31.80 ±

1.47) 厘米。母兔繁殖性能良好，乳头数为 (8.31±0.62) 个。第一胎、第二胎窝产仔数分别为 6.90 只和 7.28 只。母性好。毛皮绒密柔软，粗毛含量较低，但随日龄的增大有增加的趋势。

优缺点：有的个体毛色带灰色，毛尖太黑或带白色、胡椒色，前肢、后肢外侧有杂色斑纹者（多为灰色），以上均属缺陷。群体有待扩大。

随着人类对环境保护的重视和对时尚天然色泽服饰的追求，海狸色獭兔是一种十分具有潜力的色型。

图 3-47　海狸色獭兔（任克良）

▷ 青紫蓝色獭兔

外貌特征：毛色酷似青紫蓝兽（即毛丝鼠），全身被毛基部为石盘蓝色，中段为珍珠灰色，尖端为浅黑色，颈部毛略浅于体侧，背部毛较深，腹部毛呈浅蓝色或白色。眼圈绒毛呈浅珍珠灰色，眼球呈棕色、蓝色或灰色，爪为暗色。青紫蓝獭兔有深色、浅色、淡色之分，均属正色（图 3-48）。

生产性能：成年体重 3.90 千克，体长 51.25 厘米，胸围 30.92 厘米。窝产仔数 8.25 只。被毛长度 2.08 厘米。

图 3-48 青紫蓝色獭兔（任克良）

优缺点：该毛色比较受市场的欢迎，但被毛黑色过重，带锈色、淡黄色、白色或胡椒色的均属缺陷。

是目前市场上受欢迎程度较高的一种色型。

▶ 红色獭兔

被毛呈深红黄色，色调一致。一般背部颜色略深于体侧部，腹部毛色较浅，最理想的被毛颜色为暗红色，腹部也不例外；眼睛为褐色或臻子色；爪为暗色（图 3-49）。

图 3-49 红色獭兔（任克良）

腹部毛色过浅或有锈色、杂色或带白斑者均属缺陷。

▶ 黑色獭兔

全身被毛乌黑发亮，毛根基部黑蓝色，尖端黑色，是毛皮工业中较受欢迎的一种色型。眼睛为黑褐色或深棕色，爪为暗色（图3-50）。

被毛带棕色、锈色、白色或白色斑块均属缺陷。

图3-50　黑色獭兔（任克良）

▶ 蓝色獭兔

全身被毛呈天蓝色，整个毛纤维从基部到尖部色泽纯一，是最早育成的獭兔色型之一，也是各类獭兔中毛绒最柔软的一种。属毛皮工业中较受欢迎的毛色类型之一。眼睛为蓝色或瓦灰色，爪为暗色（图3-51）。

图3-51　蓝色獭兔（任克良）

被毛带霜色、锈色、杂色或带白斑块者均属缺陷。

▶ 宝石花獭兔

又称碎花獭兔、花色獭点（图3-52）。根据被毛颜色不同可分为两种。一种全身被毛以白色为主，杂有一种其他不同颜色的斑点，这种颜色有黑色、青紫蓝色、蓝色、海狸色、猞猁色、蛋白石色、巧克力色、海豹色等，其典型的标志是背部有一条较宽的有色背浅、有色眼圈和嘴环，体侧有对称的斑点；另一种全身被毛也以白色为主，同有兼有两种其他不同颜色的斑点，颜色有深黑色和橘黄色、紫蓝色和淡黄色、巧克力色和橘黄色等，花斑主要分布于背部、体侧和臀部，鼻端有蝴蝶状色斑。眼睛颜色与花斑色泽一致，爪为暗色。

理想的花斑和花点应该是全身对称，分布均匀，花斑面积占全身面积的30%（10%～50%）；或者互不粘连，均匀地分布在全身的星星点点的碎花点。

图3-52　宝石花色型獭兔（谷子林）

（四）选养适宜的家兔类型和品种

饲养什么类型的兔和品种应根据自身技术、兔产品市场、场地、资金和管理水平等因素进行综合考虑。

1. 不同类型兔的生产特点

在决定饲养什么类型兔之前先了解一下不同类型兔的生产特点。

▶ 肉兔生产特点

与獭兔、毛兔相比，小规模的肉兔养殖对技术、资金、笼舍规格和饲料营养的要求较低，适合于一般养殖户。以饲养弗朗德巨兔、塞北兔、新西兰白兔、加利福尼亚兔等为主（图 3-53），这样可利用加利福尼亚兔作公兔与新西兰白兔或比利时兔母兔杂交，利用杂种优势生产商品兔。也可利用配套系生产商品兔。国内外规模肉兔养殖多数采用兔舍、笼具标准化。兔舍环境控制自动化，自动饲喂、自动清粪，全价颗粒饲料，品种采用配套系，生产效率较高，在肉兔市场较好的情况下，可以获得较高的规模效益。但投资较大，技术要求较高（图 3-54）。这种模式是我国肉兔产业发展的方向。

▶ 獭兔生产特点

獭兔生产对饲料营养、技术、资金、兔舍的规格、规模要求相对较高，经济效益也较高。若生产者掌握一定的饲养技术，有足够的资金和场地，可发展獭兔生产。

图 3-53　肉兔养殖

图 3-54　肉兔规模养殖

区域獭兔养殖有助于獭兔皮的及时销售，有助于獭兔皮售价的提高，获得较高的收入。獭兔适宜较大规模生产，这样可在品种、饲料营养、饲养周期、疫病防治、取皮等环节进行标准化生产，一次可生产出大量、较高质量的兔皮，依靠数量、质量优势，以较高卖价成交，获取较高的经济收入。

偏远地区、小规模零散户未形成区域规模，不适于饲养獭兔。獭兔的合格生产需要较大的资金投入，经济基础较差的农户也不适宜饲养獭兔。在选择獭兔注重品种（系）的情况下，着重从优良群体中选择体型较大、被毛质量好的个体。对已有的兔群应淘汰体型较小（成年体重小于 3.0 千克）、被毛质量差（密度小、粗毛含量高）的个体。一般生产规模以基础群不超过 500 只为宜。实践证明，不考虑技术、管理和资金的情况下，一味追求大规模獭兔生产，不能获得较高的经济效益。

獭兔生产以选养白色或加利福尼亚色型为主，因白色獭兔遗传性稳定、易饲养、销路广（图 3-55）。但随着人们对自然色泽的崇尚，利用有色獭兔皮时无需染色，对人体无害，对环境压力较小，因此发展有色獭兔的饲养前景十分广阔（图 3-56）。

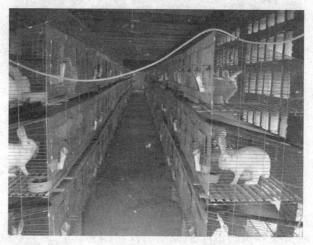

图 3-55　獭兔规模养殖（白色）

图 3-56　獭兔规模养殖（有色獭兔）

▶ 毛兔生产特点

毛兔生产：对饲料营养、技术、兔舍的规格等要求相对较高，经济效益也较好。选择饲养毛兔时不仅要看国际、国内兔毛行情，还要着重考虑本地兔毛收购价。

远离兔毛加工地区的零散饲养户不能获得较高收入。区域长毛兔饲养有助于毛兔生产者兔毛的销售，有助于兔毛售价的提高。品种选择以德系长毛兔、浙系长毛兔、皖系长毛兔等为宜（图3-57）。考虑到销售问题，应慎重发展彩色长毛兔。

图3-57　长毛兔规模养殖（麻剑雄）

▶ 试验兔生产

与医疗单位有试验兔订单，并有实验动物生产许可证的单位可进行试验兔生产（图3-58），这样可获得较高而稳定的收入。目前用于试验的家兔品种主要有日本大耳白兔、新西兰白兔。

大规模兔场也可同时饲养两种或两种以上类型的兔，这样在市场瞬息万变的情况下可以获得稳定的收入。

观赏兔生产

大城市周边根据市场情况可适当发展观赏兔饲养。

图3-58　试验兔生产

2.选养适宜的家兔类型

饲养什么类型的兔应根据自身技术、兔产品市场、场地、资金和管理水平等进行综合考虑。

▶ 兔产品市场

兔产品市场容量、价格是决定饲养何种类型兔的主要依据，饲养之前应先进行市场调查或咨询相关专家，谨防贪心追求利润，盲目投资。

▶ 自身技术

家兔规模养殖是需较高技术水平的行业，需要投资者掌握一定的技术，并在生产中运用自如，在饲养类型、发展规模、管理方式等方面做出科学的判断。

▶ 饲养场地

商品肉兔可以群养，占地面积较小。商品獭兔饲养周期长，3月龄后必须单笼饲养，故占地面积较大、兔笼需要量较多。

▶ 资金

獭兔饲养周期长、投资多，兔笼等设备要求较高，投入也大。毛兔养殖也需要较大的资金投入，而肉兔相对投入资金较少，应根据自身经济实力决定饲养适宜的家兔类型。

▶ 管理水平

拥有一定的管理水平是规模养殖家兔成功的关键。不善于管理，即使具有较高的技术水平，往往也不能获得较好的经济效益。

（五）引种技术

引种是养兔生产中的一项重要技术工作。初养兔者需要引种，而养兔场（户）为了扩大规模、调换血统或改良现有生产性能低、质量差的兔群也需要引种。

1. 引种前应考虑的因素

> **确定引什么品种**

初养者必须事先考虑市场行情，如产品销路、价格等情况，同时考虑当地气候、饲料和自身条件，选购适宜的家兔类型和具体品种。老养殖场（户）应考虑所引品种（系）与现有品种（系）相比有何优点、特点。需要更换血缘时，应着重选择品种特征明显的个体（一般以公兔为主）。

> **详细了解种源场的情况**

对种源场的具体细节(如饲养规模、种兔来源、生产水平、系谱是否完整，有无当地畜牧主管部门颁发的"种畜禽生产经营许可证"，是否发生过疫情及种兔月龄、体重、性别比例、价格等）进行详细了解。杜绝从发生过毛癣病、呼吸道等疾病的兔群进行引种。

大中型种兔场设备好、人员素质高、经营管理较完善，种兔质量有保证，对外供种有信誉。从这些场引种，一般比较可靠。

农户自办种兔场一般规模较小，近亲繁殖现象比较严重，种兔质量较差，且价格不定，购种时要特别注意。

> **做好接兔准备**

购进种兔前，要先进行兔笼、器具的消毒，饲草料及常用药品的准备，初养兔者还要对饲养人员进行必要的培训。

2. 种兔选购技术

> **品种（系）的选定**

根据需要选择适宜的品种或品系。

> **选择优良个体**

同一品种（系）其个体的生产性能、毛皮质量、产毛和产肉性能也有明显差别，因此要重视个体的选择。所选个体应无明显的外形缺陷，如门齿过长、八字腿、垂耳、小睾丸、隐睾或单睾、阴部畸形者，均不宜选购。所选母兔乳头数应不少于 4 对。

引种年龄

一般以 3～4 月龄青年兔为宜。要根据牙齿、爪核实月龄，以防购回大龄的老年兔。老年兔的种用价值和生产价值较低，高价买回不合算，还可能有繁殖机能障碍的危险。

目前欧洲多选购 1～8 日龄的仔兔（图 3-59 和图 3-60），这样可以降低运输成本，减少应激，但本场需要有同期产仔的母兔代为哺乳。

图 3-59 幼龄种兔　　　　　　　　图 3-60 待运的仔兔

血缘关系

所购公兔和母兔之间的亲缘关系要远，公兔应来自不同的血统。特别是引种数量少时，血缘更不能相近。另外，引种时要向供种单位索要种兔系谱资料卡片。

重视健康检查

引种时对所引兔群进行全面健康检查，一旦发现该群体有毛癣病、呼吸道疾病，应立即终止从该场引种。

引种数量

根据需要和发展规模确定引种数量。

引种季节

家兔怕热，且应激反应严重，所以引种应选在气温适宜的春秋两季。必须在夏季引种时，要做好防暑工作。

3.种兔的运输

家兔神经敏锐，应激反应明显，运输不当时轻则掉膘，身体变弱；重则致病，甚至死亡。因此，必须做好种兔的运输工作。

▶ **种兔运输前的准备工作**

（1）对所购种兔进行健康检查 由兽医对所购种兔逐个进行健康检查，并请供种单位或当地兽医部门开具检疫证明书，对该批种兔免疫记录进行询问和记录，以便确定下次免疫时间和免疫种类。

（2）确定运输方式 根据路途长短、道路交通状况、引种数量等确定运输方式。根据运输形式，在相关部门开具相应的检疫证、车辆消毒证明等。

（3）准备好运输笼具 种兔笼具可选木箱、纸箱（短途）、竹笼、铁笼等。以单笼为宜（大小以底面积0.06～0.08米、高25厘米为宜）。笼子应坚实牢固，便于搬动。包装箱应有通风孔，有漏粪尿和存粪尿的底层设备，内壁和底面要平整，无锐利物（图3-61）。笼内铺垫干草。

（4）对笼具、饲具、车辆进行全面消毒。

图3-61 运输笼具

（5）了解供种单位的饲料及饲养制度，带足所购兔2周以上的原饲料。

▶ 运输途中家兔的饲养管理

1天左右的短途运输，可不喂料、不饮水。2～3天的运输中途，可喂些干草和少量多汁饲料，定时饮水。5天以上的运输中途，可定时添加饲料和饮水，注意不宜喂得过饱。运输过程既要注意通风，又要防止家兔着凉感冒。车辆起停及转弯时速度要慢，以防发生兔腰部折断等事故。

▶ 到达目的地家兔的饲养管理

到达目的地后，要将垫草、粪便进行焚烧或深埋，同时将笼具进行彻底消毒，以防疾病的发生和传播。

（1）隔离饲养　引回的种兔及笼舍应远离原兔群。建议待该批种兔产仔后，仔兔无毛癣病、呼吸道病等传染病后方可混入原兔群。

（2）切忌暴食暴饮　到达目的地的兔要休息一段时间后再喂给少量易消化的饲料，同时喂给温盐水，杜绝其暴饮暴食。

（3）饲养制度、饲料种类应尽量与原供种单位保持一致。如需要改变，应有7～10天的适应期，每次饲喂以八成饱为宜。

（4）定时进行健康检查　每天早晚各检查一次，观察兔群的食欲、粪便、精神状态等，发现问题及时采取措施。新引进兔一般在引回1周后易暴发疾病（主要是消化道疾病）。对于消化不良的兔，可喂给大黄苏打片、酵母片或人工盐等健胃药；对所排泄粪球小而硬的兔，可采用直肠灌注药液的方法治疗。兔大肠杆菌病要用抗生素进行治疗。

四、兔场建设与环境控制

目标
- 了解兔舍建筑的基本要求
- 选择适宜当地的兔舍形式
- 掌握环境调控技术

随着劳动力成本不断上升、土地资源短缺，以及对环境治理力度的加强，养兔生产者必须从场址选择、兔舍建筑、环境控制、生产方式到粪尿处理等方面入手，采取相应的措施，最终达到劳动生产效率高、效益好、环境友好的目标。

同时，良好的兔舍和完善的设备，是养好家兔的基础，与饲养管理、疾病防控和劳动生产率的提高等密切相关。

（一）兔场建设

1. 场址的选择、面积

养兔场址应选在地势高燥、平坦或略有坡度的地方（坡度以 1%～3%较好）（图 4-1）。场址或周围必须有水量充足、水质良好的水源。场址应选在交通便利的地方，但又不能紧靠公路、铁路、屠宰场、牲畜市场、畜产品加工厂、化工厂、车站或港口。兔场一般应离交通主干线 200 米以上，离一般道路 100 米以上。应设在居民区、村庄的下风处，与居民点的距离应在 400 米以上。考虑到饲料原料运输、产品销售和职工生活工作的方便等，兔场也不宜建在交通不便或偏远的地方。

兔场占地面积要根据饲养种兔的类型、饲养规模、饲养管理方式和集约化程度等因素而定。兔场所需面积以 1 只母兔及其仔兔占建筑面积 0.8 米^{2}计算，兔场的建筑系数约为 15%，500 只基础母兔的兔场需要占地约 2 700 米^2。

图 4-1　兔舍建在地势较高的地方（任克良）

2. 兔场内建筑物的布局

▶ 行政区域

包括办公室、宿舍、会议室、食堂、仓库、门房、车库、厕所等。饲料加工由于噪声大，且与外界接触较多，因此应设在该区一角，远离兔舍。

▶ 生产区

包括兔舍、饲料间、更衣室、消毒池、送料道、排水道等建筑物（图 4-2 至图 4-6）。生产区应与行政区隔开，建 2 米高围墙，并设门卫，严防闲杂人员出入。

▶ 粪便尸体处理区

包括粪便无害化处理区（图 4-7）、污水渗水井，与

图4-2　更衣室

图4-3　消毒间

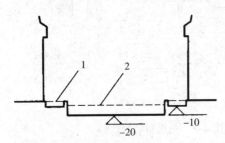

图4-4　兔场大门口车辆消毒池及人的
　　　　脚踏消毒池断面（单位：厘米）
1.脚踏消毒池　2.车辆消毒池

图4-5　生产区

生产区应有一定距离，并铺设有粪便运输道与外界相连。一般安置在下风向、地势较低的地方。兽医诊疗室也应设在这一区域。大型兔场应对门修建粪便无害化处理场地（图4-7）。

▶ **其他**

中大型兔场兔舍间应保持10~20米的间距，在间隔地带内栽植树木、牧草或藤类植物等。

图4-8、图4-9分别是兔场布局示意图和山西省的一个现代化兔场平面图。

图 4-6　生产区

图 4-7　粪便无害化处理区

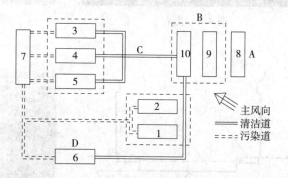

图 4-8　兔场布局示意图

A. 生活福利区　B. 辅助生产区　C. 繁殖育肥区　D. 兽医隔离区

1、2. 核心种群车间　3、4、5. 繁殖肥育车间　6. 兽医隔离间

7. 粪便处理场　8. 生活福利区　9、10. 办公管理区

图 4-9　现代化兔场平面示意图

3. 兔舍建筑的基本要求

▶ **基本要求**

　　兔舍建筑要因地制宜，就地取材，经济耐久，科学实用。兔舍要能防雨、防风、防寒、防暑和防鼠等，要求干燥、通风良好、光线充足，冬季易于保温，夏季易于通风降温。

▶ **兔舍的朝向**

　　兔舍应坐北朝南或偏南方向。

▶ **兔舍的地面处理**

　　兔舍地面应致密、坚实、平坦、防潮、保温、不透水、易清扫，抗各种消毒剂侵蚀，一般用水泥地或防滑瓷砖。粪沟用水泥或瓷砖。出粪口一般设在兔舍两端或中央（兔舍较长者）。舍内地面应高于舍外地面 20～25 厘米。

▶ **兔舍的墙壁**

　　兔舍墙壁应坚固、抗震、抗冻，具有良好的保温和隔热性能。多用砖或石砌成，以空心墙最好。距离地面 1.5 米以下的表面应用水泥抹平，以利消毒。

▶ **兔舍的门窗**

　　舍门一般宽 1 米，高 1.8～2.2 米。窗户面积的大小以采光系数来表示。兔舍采光系数：种兔舍 10%、育肥舍 15% 左右。窗台高度以 0.7～1 米为宜。兔舍门、窗上应安装钢丝沙网以防蚊蝇、害兽入内。

▶ **兔舍屋顶**

　　要求完全不透水，隔热。可采用水泥制件、瓦片等。为保证通风换气，可在舍顶上均匀地设置排气孔。兔舍内高以 2.5～3.5 米为宜。

▶ **排污系统**

　　兔舍的排污系统对保持兔舍清洁、干燥和卫生有重要的意义。排污系统由粪沟、沉淀池、暗沟、关闭器、蓄粪池等组成。粪沟主要是排除粪尿及污水，建造时要求表面光滑、不渗漏，并且有 1%～1.5% 的倾斜度。家兔粪、尿等污物的清除一般用人工清除或机械消除，也可用传送带式和铰链式刮粪板等形式（图4-10）。

图 4-10　污物清除设施

▶ 兔舍的跨度、长度

兔舍跨度要根据家兔类型、兔笼形式、兔笼排列方式及当地气候环境而定。兔舍列数与跨度对应见表 4-1。

表 4-1　兔舍列数与跨度对应表

列　数	跨　度	布　局
单列式	不大于 3 米	一个走道、一个粪沟（全重叠式兔笼）
双列式	4 米左右	两个走道、一个粪沟，或一个走道、两个粪沟（全重叠式兔笼）
三列式	5 米	两个走道、两个粪沟（全重叠式兔笼）
四列式	7.5～8.5 米	三个走道、两个粪沟（品字形兔笼）
六列式	12 米	四个走道、三个粪沟（品字形兔笼）

从理论上讲，跨度越大，单位面积建筑成本越低。但跨度不宜太大，过大不利于通风和采光，同时也给兔群

管理责任制带来不便。一般兔舍跨度应控制在 10 米以内。

兔舍的长度没有严格的规定，可根据场地条件、建筑物布局或一个班组的饲养量灵活掌握，一般控制在 50 米以内。

4. 兔舍形式及使用地区

兔舍建筑形式很多，各有特色。不同地区可因地制宜，修筑不同式样的兔舍，也可利用闲置的房舍进行家兔生产。专门化养兔场，一般都要修建规格较高的室内笼养式兔舍。

▶ 开放式兔舍

这种兔舍无墙壁，屋柱可用木、水泥或钢筒制成，屋顶以双坡式为好。兔笼安放在舍内两边，中间为走道。优点是造价较低，通风良好，呼吸道疾病和眼疾较少，管理方便。缺点是无法进行环境控制，不易预防兽害。适用于较温暖的地区（图 4-11、图 4-12、图 4-13）。

图 4-11 开放式兔舍（任克良）　　图 4-12 开放式兔舍（任克良）

图 4-13 开放式兔舍（南方地区）

▶ 半开放式兔舍

这种兔舍上有屋顶，四周有墙，前后有窗户。通风换气依赖门窗和通风口。优点是有较好的保温和防暑作用，可进行环境控制，便于人工管理，可预防兽害（图4-14）。缺点是兔舍内空气质量较差，在冬天要处理好通风和保温的矛盾。目前我国北方规模兔场多属这种形式。

图4-14 封闭式兔舍（任克良）

▶ 封闭式兔舍

即环境控制舍。这种兔舍无窗户，舍内温度、湿度、光照、通风等全部靠人工控制，有的仅在一侧墙壁上设置可控制的小窗户（图4-15）。优点是可以为家兔提供一个适宜的生活环境，生产效率高。缺点是一次性投资大，对水电设备依赖性强。目前发达国家、国内新建的大型兔场多采用这种兔舍（图4-16、图4-17、图4-18）。

图4-15 设置小窗户（停电时使用）

图 4-16　环境控制兔舍

图 4-17　无窗兔舍（任克良）

图 4-18　封闭式兔舍的通风设施（任克良摄于法国）

5. 兔笼

> **兔笼构造**

（1）大小　应根据家兔类型、品种、生理阶段而定。一般笼长为体长的 1.5 ~ 2 倍，宽（深）为体长的 1.3 ~ 1.5 倍，高为体长的 0.8 ~ 1.2 倍。一般标准兔笼尺寸为：笼宽 70 ~ 80 厘米，笼深 50 ~ 60 厘米，笼高 35 ~ 40 厘米。兔笼大小还应考虑：①毛兔略大，獭兔较小，大型肉兔品种适当大一些。②舍外养兔宽度应深些。③兔笼较高或层数较多，深度应浅些，以便饲养管理。

福利养殖兔笼较大，母兔笼面积大于 4 500 厘米^2（包括月台），商品兔每个单元面积不少于 7 米^2。

（2）高度　兔笼以 2 ~ 3 层为宜，总高度一般为 2 米左右。

（3）笼壁　固定式兔笼多用砖、石和水泥板砌成，移动式兔笼多用冷拔丝网、铁丝网、冲眼铁皮、竹板等制作。笼壁要平滑，网孔大小要适中。网孔过大，仔兔、幼兔易跑出或窜笼。

（4）笼门　一般安装在笼前，单层笼也可安装在笼顶。可用铁丝网、冲眼铁皮、竹板条等制作。笼门以（40 ~ 50）厘米 × 35 厘米为宜。笼门框架要平滑，以免划破兔体。

（5）笼底板　材料和制作的方式不同，有以下几种。

板条式：材料是竹板、塑料板条等。板条宽 2 ~ 5 厘米，厚度适中。间距 1.2 厘米，要求既可漏粪，又能避免夹住兔脚。目前多用竹板，要求表面无毛刺，竹板间隙前后均匀一致，固定竹板的铁钉不突出在外面。底板以活动式为佳（图 4-19）。板条走向应与笼门相垂直，以免引起八字腿（图 4-20）。

若是网状底板，采用镀锌材料编制而成，网眼尺寸为 1.9 厘米 × 1.9 厘米，厚度一般为 2.5 ~ 3.0 毫米。该地

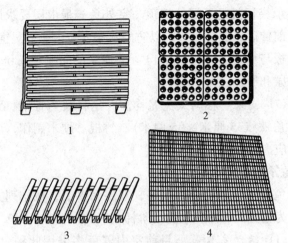

图4-19　兔笼底板类型
1.竹板底网　2.板式塑料底网　3.条式塑料底网　4.金属底网

图4-20　四肢向外伸展，腹部着地

板易挂兔毛，低温时不利于兔体健康，材料购置费用多。

若用镀锌条式地板，铁丝线直径为3~5毫米，间隙1.2厘米。该地板适用于仔幼兔，不适用于繁殖种兔和体型较大的兔，易引起脚皮炎。

（6）承粪板及笼顶　承粪板可用塑料板、铁皮或油毛毡等。砖石兔笼多用水泥板、石板做承粪板。也可在树枝、麦秸上抹泥，上面用石灰抹上做承粪板。宽度应大于兔笼，前伸3~5厘米，后延5~10厘米，前高后低，倾斜10°~15°，以便粪、尿直接流入粪沟。多层兔笼上层承粪板就是下层的笼顶。室外兔笼最上层要求厚一些，前伸后延更长一些，以防雨水侵入笼内或淋湿饲草。笼地板与承粪板之间应有 14～18 厘米的间隙，以利于打扫粪尿和通风透光。

（7）支架　移动式兔笼均需一定材料为骨架。骨架可用角铁（35 厘米×35 厘米）、竹棍、硬木制作，底层兔笼应离地 30 厘米左右。

兔笼的形式

兔笼按层数可分为单层、双层和多层，按排列方式可分为重叠式、阶梯式和半阶梯式等。

（1）活动式兔笼　目前室内养兔多采用此种兔笼。用木、竹或角铁做成架，四周用铁丝网、冲眼铁皮或竹片做成。笼底板用竹板做成，承粪板用铁皮、塑料板或石棉瓦做成。

（2）固定式三层兔笼　这是一种适于养兔户使用的兔笼，特点是投资小、空间利用率高。按放置位置不同可分为室内和室外两种。

①室内固定式三层兔笼　兔笼的前后面为门或窗，通风透光性好，草架、食盆可安装在笼门上，笼底板可抽出装入，笼壁由单砖或水泥板砌成（图 4-21 和图 4-22），图

图 4-21　室内三层固定式砖混结构兔笼

4-23 为室内三层铁丝结构兔笼。图 4-24 为"品"字形三层兔笼。

②室外固定式三层兔笼门、窗室内固定式兔笼小些。在两笼之间的墙壁上安装镶嵌式草架，供两侧家兔采食。两笼之间设两个半间产仔室，供母兔产仔、哺乳。

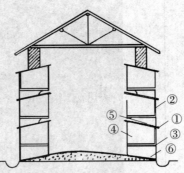

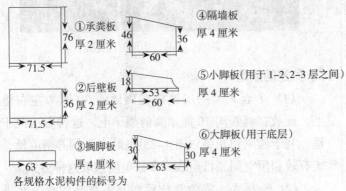

①承粪板
厚 2 厘米
76
71.5

②后壁板
36 厚 2 厘米
71.5

③搁脚板
厚 4 厘米
63

④隔墙板
厚 4 厘米
46 36
60

⑤小脚板（用于 1-2、2-3 层之间）
厚 4 厘米
18
53
60

⑥大脚板（用于底层）
厚 4 厘米
30 30
63

各规格水泥构件的标号为
C25 细石砼（每立方米中含 461 千克水泥、0.66 米³ 黄沙、1.19 吨沙子）

图 4-22　水泥式兔笼构造（单位：厘米）

图 4-23　用水泥预制的兔笼

图 4-24　"品"字形三层兔笼

▶ 兔笼的放置

（1）平台式　一层笼放在离地面 30 厘米左右垫物上，或放在离粪沟 70 厘米高的架子上。这种方法便于管理，利于通风和光照（图 4-25）。缺点是饲养密度低，不能有效利用空间。目前欧洲多数兔场采取这种方式。

（2）阶梯式　将兔笼放置在互不重叠的几个水平面上（图 4-26 和图 4-27）。优点是通风良好，饲养密度略高于平台式。缺点是上层笼操作不便，且笼的深度不能

图 4-25　单层式兔笼（任克良）

超过 60 厘米。

（3）组合式　兔笼重叠地放在一个垂直面上，可以叠放 2～3 层（图 4-28）。根据多列重叠兔笼的放置方向不同，可分为面对面式和背靠背式（图 4-29、图 4-30）。实践证明，面对面式饲养效果较好。

图 4-26　阶梯式兔笼（娄志荣）

图 4-27　单层兔笼

图 4-28　"品"字形两层兔笼

图 4-29　双层兔笼

图 4-30　兔笼面对面（任克良）

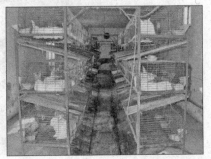

图 4-31　兔笼背对背（任克良）

（二）养兔设备及用具

▶ 饲槽

有多种形式。有的专门定制底大、口小、笨重且不易翻倒的瓷盆（图4-32）。用塑料或镀锌铁皮制成的饲盒，颗粒料可以不断自动滑落到料槽里，一般需要在槽底部打一些孔眼，把颗粒料中的粉末料漏到盒外，防治饲料霉变或被家兔吸入肺内。料槽上沿边应该向内弯曲15~20毫米，防止家兔抛撒饲料。洞式加料器的效果最好，可以防止饲料抛撒和粪便污染（图4-33）。还有特

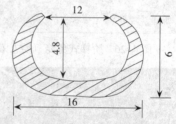

图4-32　大肚饲槽（单位：厘米）

图4-33　各式料盒

制的加长料盒、适合于自动加料的料盒和适合于一周加一次料的超大型料盒（图 4-34 至图 4-36）。也可采用自动加料系统。

图 4-34　加长料盒

图 4-35　可供数个笼内刚出生的采食的料盒

图 4-36　超大型料盒（适合于一周饲喂一次方式）

（三）饮水器

小型或家庭兔场可用广口罐头瓶或特制的底大、口小的瓷盆等饮水。此法方便、经济，但易被粪尿、饲草、灰尘、兔毛污染；加之兔兔喜啃咬，极易咬翻水盆。影响饮水，必须定期清洗消毒，频繁添水，较为费工。目前大中型兔场均采用自动饮水系统。

自动饮水系统的特点是能不断供给清洁的饮水、省工，但对水质要求高。主要由过滤器（图 4-37）、自动水嘴、三通、输水管、弹簧等组成。使用饮水器应注意：

◆水箱位于低压饮水器（即最顶层饮水器）上不得超过 10 厘米，以防下层水压太大。

◆水箱出水口应安在水箱上方 5 厘米处，以防沉淀杂质直接进入饮水器。箱底设排水管，以便定期清洗、排污。

◆水箱应设活动箱盖。

◆供水管必须使用颜色较深(如黑色、黄色)的塑料管或普通橡皮管，以防苔藓滋生。使用透明塑料软管、应定期或至少 2 周清除管内苔藓。也可以在饮水中加一些无害的消除水藻的药物。

◆供水管与笼壁要有一定距离，以防兔子咬破水管。

◆发现乳头滴漏时，用手反复压活塞乳头，以检查弹簧弹性，橡皮垫是否破损、凸凹不平。对无法修复的应立即更换。

◆饮水嘴应安在距离笼底 8~10 厘米、靠近笼角处，以保证大小兔均能饮用（图 4-38）。饮水器安装太高，小兔喝不上水（图 4-39）；安装太低，大兔极易触碰导致长时间滴漏，造成兔子脱毛（图 4-40）。

也可使用一些新型饮水器，以避免漏水引起地板潮湿（图 4-41）。

图 4-37　饮水过滤器

图 4-38　兔用饮水器

图 4-39　饮水器太高，小兔喝不上水

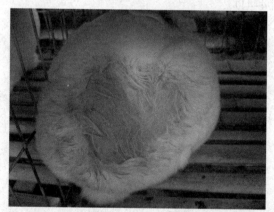

图 4-40　饮水器安装位置不当，造成兔子大面积脱毛

图 4-41　新型饮水器

（四）产箱

产箱是母兔分娩、哺乳，仔兔出窝前后的生活场所，其质量好坏对断奶仔兔的成活有直接影响。

制作产箱的材料应能保温、耐腐蚀、防潮湿。目前多用木板、塑料、铁片制作。若用铁片制作，内壁、底板应垫上保温性能好的纤维板或木板。产箱内外壁要平滑，以防母兔、仔兔出入时擦破皮肤。产箱底面可粗糙一些，使仔兔走动时不至滑跌。产箱的大小根据所养种兔的大小而定(表4-2)。产箱有内置式（半月牙、平式等）（图4-42）、外置式（图4-43和图4-44）等。采用封闭式产箱母兔食仔现象的发生率较低。在我国寒冷地区，小规模养兔可采用地窖式产窝（图4-45和图4-46），仔兔成活率较高，但要防止鼠害和潮湿。目前规模兔场多用产仔箱前置于笼内的方式（图4-47和图4-48）。

表4-2　产仔箱的最低尺寸

种兔体重	面积（米²）	长（厘米）	宽（厘米）	高（厘米）
4千克以下	0.11	33	33	25
4千克以上	0.12	30	40	30

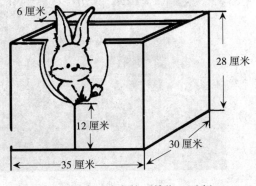

图4-42　月牙式产箱（单位：厘米）

111

图 4-43　外挂式产箱

图 4-44　外挂式产仔箱

图 4-45　地窖式产窝

图 4-46　地窖式产窝（最低层兔笼）

图 4-47　笼内前置式产箱（北京四方）

图 4-48　内置式产窝里的塑料箱

（五）自动化饲喂设备

目前有蛟龙式、自动定量式、输送带式等饲喂系统。蛟龙式要求颗粒饲料硬度较高，否则粉料过多，因此适宜于自由采食模式（图4-49），目前国外及国内大型兔场

图4-49 自动化饲喂系统（北京四方）

图4-50 自动化定量饲喂系统（潍坊）

使用本系统；自动定量饲喂系统可以根据兔的不同生理阶段，对兔进行定时定量饲喂（图4-50）；输送带式结构简单，投资较小，如果设定采食时间也可进行粗略定量饲喂（图4-51），也有机械加料系统（图4-52）。

图4-51 输送带式饲喂系统

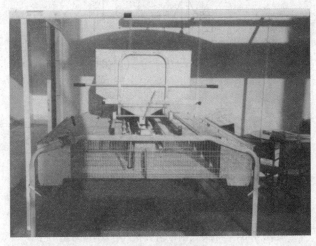

图4-52 机械加料机

（六）清粪系统

目前，除人工清除粪便外，效率较高的有机械清粪和输送带清粪方式。

1.粪便机械清理系统

兔场使用机械清粪系统可以减少饲养人员的劳动强度，提高工作效率。兔舍一般采取导架刮板式清粪机，由绞盘、转角轮、限位清洁器、紧张器、刮板装置、钢索和清洁器等组成（图4-53至图4-56）。

图4-53 自动清粪系统(左：转角轮；右：刮板装置)

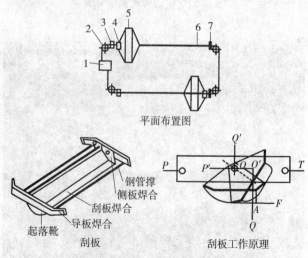

图4-54 导架式刮板清粪机（9FZQ-1800型）

1.牵引机 2.转角轮 3.限位清洁器

4.紧张器 5.刮板装置 6.牵引绳 7.清洁器

图 4-55　舍内刮粪板

图 4-56　室外清粪端

2.输送带式清粪系统

输送带安装在兔笼下，同时完成承粪和清粪工作。主要由减速电机、链传动机构、主被动辊、输送带、刮粪板、张紧轮和调节丝杆等组成（图 4-57 至图 4-59）。刮粪板装在输送带的排粪处，可使粪和带分离，防止带子粘粪。输送带由低压聚乙烯塑料制成，延伸率小，表明光滑，且容易在带的连接处粘接。

图 4-57 输送带清粪

图 4-58 输送带清粪

图 4-59　输送带清粪（北京四方）

（七）兔舍环境调控技术

兔舍环境条件(如温度、湿度、有害气体、光照、噪声等)是影响家兔生产性能和健康水平的重要因素之一。对兔舍环境因素进行人为调控，创造适合家兔生长、繁殖的良好环境条件，是提高家兔养殖效益的重要手段之一。

1.温度[①]的调控

高、低温的危害：环境温度过高或过低时，家兔会通过机体物理和化学方法调节体温，消耗大量营养物质，从而降低生产性能。生长兔表现为生长速度下降，料重比升高。高温可以导致兔群"夏季不孕"、皮毛质量下降甚至中暑。低温时兔群易患呼吸道和消化道疾病。

2.家兔适宜的环境温度要求　见表4-3。

3.兔舍人工增温措施

◆修建兔舍前应根据当地气候特点，选择开放、半开放或全封闭式室内笼养兔舍，同时注意兔舍保温隔热材料的选择。

①环境温度直接影响家兔的健康、繁殖、采食量、毛皮质量和生长速度等。

表4-3 不同日龄、不同生理阶段家兔适宜的环境温度

生理阶段	适宜温度（℃）	备 注
初生仔兔	30～32	指巢箱内温度
1～4 周龄	20～30	
成年兔	15～20	成年兔耐受低、高温的极限为－5℃和30℃。繁殖公兔长时间在30℃条件下生存，易出现"夏季不孕"，甚至出现中暑

◆集中供热。可采取锅炉或空气预热装置等集中产热，再通过管道将热水、蒸汽或热空气送往兔舍，有挂式暖气片和地暖等形式（图4-60和图4-60）。

◆局部供热。在兔舍单独安装供热设备，如火炉、火墙、电热器、保温伞、散热板、红外线灯等。也有将电褥子垫放在产箱下进行增温的。使用火炉时要注意防止煤气中毒。

◆适当提高舍内饲养密度也可提高舍温。

◆设产房。有的兔场设立单独的供暖产房和育仔间等，这是搞好冬繁工作经济而有效的方式之一。农村还可修建塑料大棚兔舍，以减少寒冷季节取暖费用。

图4-60 暖气加温

图 4-61　地暖加温

4.兔舍散热与降温措施

◆修建保温隔热兔舍。

◆兔舍前种植树木、攀缘植物，搭建遮阳网，窗外设档阳板、挂窗帘，减少阳光对兔舍的照射（图 4-62 和图 4-63）。

◆安装通风设备，加大通风量。

◆安装水帘。降低兔舍温度（图 4-63 和图 4-64）。

◆安装空调。

图 4-62　种植植物遮阴

图4-63 搭遮阳棚遮阳

图4-64 水帘降温（横向）

图4-65 水帘降温（纵向）

(八) 有害气体①的调控

①兔舍中有害气体主要有氨、硫化氢、二氧化碳等。

1.兔舍有害气体产生的原因

兔舍内粪尿和被污染的垫草在一定温度下分解会产生有害气体。其浓度与粪尿等污物的数量、兔舍温度和通风大小等有关。

2.有害气体的危害

与其他动物相比，家兔对环境空气质量特别敏感，污浊的空气会显著增加兔群呼吸道疾病(如巴氏杆菌病、波氏杆菌病等)和眼病(眼结膜炎等)的发生率。据报道，每平方米空气中氨的含量达 50 毫升时，兔呼吸频率减慢，流泪，鼻塞；达 100 毫升时，会使兔眼泪、鼻涕和口涎显著增多。

3.兔舍内有害气体允许浓度含量标准

氨低于 30 毫克 / 千克，硫化氢低于 10 毫克 / 千克，二氧化碳低于 3 500 毫克 / 千克。

4.减少舍内有害气体浓度的措施

(1) 减少有害气体的生成量，适度降低饲养密度，增加清粪次数，减少舍内水管、饮水器的适度泄漏。

(2) 根据兔舍结构，采取自然通风和动力通风相结合的方式将舍内污浊空气排到舍外 (图 4-66 至图 4-72)。

兔舍排气孔面积应为地面积的 2% ~ 3%，进气孔面积应为地面积的 3% ~ 5%。机械通风的空气流速夏天以 0.4 米 / 秒、冬天以不超过 0.2 米 / 秒比较适宜。

注意事项：注意进出风口位置、大小，防止形成"穿堂风"。进出风口要安装网罩，防止兽、蚊蝇等进入。

图 4-66　排风设备

图 4-67　通风系统（一）（屋顶安装通风道）

图 4-68　通风系统（二）

图 4-69　通风设备（三）

图 4-70　通风设备（一）

图 4-71　通风系统（二）（国外）

图 4-72　通风、加温设施（三）

（九）湿度的调控

兔舍内相对湿度以 60%～65% 为宜，一般不应低于 55% 或高于 70%。

1.高湿的危害

湿度往往伴随着温度的高低。如高温高湿会影响家兔散热，易引起中暑；也可导致料盒内饲料发霉变质。低温高湿会增加散热，使家兔产生冷感，特别对仔、幼兔影响更大。温度适宜而潮湿，有利于细菌、寄生虫活动，可引起兔疥癣、球虫病、湿疹等。

2.干燥的危害

空气过于干燥，可引起呼吸道黏膜干燥，细菌、病毒感染致病。但一般兔舍很少出现干燥的情况。

3.控制湿度的措施

具体有：①加强通风；②降低舍内饲养密度；③增加粪尿清除次数，排粪沟撒一些吸附剂如石灰、草木灰等；④冬季舍内供暖；⑤漏水的饮水器及时进行修理或更换。

（十）光照的调控

光照对家兔有很大的影响。光照可以促进兔体新陈代谢，增强食欲，使红细胞和血红蛋白含量增加；促进皮肤合成维生素 D，调节钙磷代谢，促进生长。同时光照有助于家兔生殖系统的发育，促进性成熟。

1.适宜的光照时间与强度

见表 4-4 和表 4-5。

表 4-4　家兔适宜的光照时间与强度

类型	光照时间（小时）	光照强度（勒克斯）	说明
繁殖母兔	14～16	20～30	繁殖母兔需要较强的光照
公兔	10～12	20	公兔喜欢短光照，如果持续光照超过 16 小时，将导致公兔睾丸重量减轻和精子数减少，影响配种能力
育肥兔	8	20	采用暗光育肥，可控制性腺的发育，促进生长，降低活动量和减少相互咬斗

表 4-5　兔舍不同光源的效果

光源种类	功率（瓦）	光效（靳/瓦）	寿命（小时）
白炽灯	15～1 000	6.5～20	750～1 000
荧光灯	6～125	40～85	5 000～8 000

2.采光方式

普通兔舍多依靠门窗供光（图 4-73），光照不足时用白炽灯、LED 灯或日光灯来补充（图 4-74），但以白炽灯供光为好。舍内灯光的布局要合理。灯的高度一般为 2.0～2.4 米，行距大约 3 米。为使舍内的照度比较均匀，应当降低每个灯的瓦数，而增加舍内总的装灯数。使用平形或伞式灯罩可使光照强度增加 50%。要经常对灯泡等进行擦拭。

图 4-73　自然光照良好的兔舍

图 4-74　人工补充光照

目前大型兔场将温度、湿度、通风、光照、饲喂、清粪等设备控制进行系统集成，系统根据兔舍温度、空气质量等指标可进行自动控制（图 4-75）。

图 4-75　兔舍环境控制系统

（十一）噪声的调控

家兔胆小怕惊，突然的噪声可引起一系列不良反应和严重后果，尤其对妊娠母兔、泌乳母兔和断奶后幼兔的影响更为严重。

减少噪声的措施：

◆修建兔场时，场址一定要选在远离公路、工矿企业等的地方。

◆饲料加工车间应远离生产区。

◆换气扇、清粪等舍内设备要选择噪声小的。

◆饲养人员操作时动作要轻、稳。

◆用汽（煤）油喷灯消毒时，尽量避免在母兔怀孕后期进行。

◆禁止在兔舍周围燃放鞭炮。

五、兔群繁殖技术

目标
- 了解家兔的生殖系统、繁殖生理
- 熟练掌握发情鉴定、配种和妊娠检查等操作
- 了解、掌握提高兔群繁殖力的技术措施
- 了解、掌握人工授精的技术操作方法
- 了解 49 天繁殖流程

理论上讲，家兔的繁殖力很强，但生产中由于各种因素的影响，家兔的繁殖潜力往往得不到充分发挥，这是许多规模养兔场（户）生产水平低、效益不高甚至亏损的原因之一。因此，了解家兔的生殖生理、采取行之有效的技术措施，提高群体繁殖力，对兔群发展及养兔经济效益的提高具有重要的意义。

（一）家兔的生殖系统

生殖系统是兔繁殖后代、保证物种延续的系统，能产生生殖细胞（精子和卵子），并分泌性激素。生殖器官分雄性生殖器官和雌性生殖器官。

1. 雄性生殖器官
雄性（公兔）生殖系统见图 5-1。

2. 母兔生殖系统
见图 5-3、图 5-4、图 5-5。

①睾丸：是产生精子和分泌雄性激素的器官。家兔的腹股沟管宽而短，终生不封闭，睾丸可自由地下降到阴囊或缩回到腹腔内，因此经常会发现有的公兔阴囊内偶尔不见睾丸，这时若轻轻拍打臀部，睾丸可下降到阴囊里。

②附睾：发达，位于睾丸背侧，分头、体、尾三部分。

③输精管：为输送精子的管道。

④尿生殖道：是精液和尿液排出的共同通道。

⑤副性腺：包括精囊与精囊腺、前列腺、旁前列腺和尿道球腺4对（图5-2）。其分泌物进入尿生殖道骨盆部与精子混合形成精液。副性腺的分泌物对精子有营养和保护作用。

⑥阴茎：为公兔的交配器官，呈圆柱状，前端游离部稍有弯曲。选留种公兔时，选择阴茎头稍弯曲的个体为好。

⑦阴囊：为容纳睾丸、附睾和输精管起始部的皮肤囊。

⑧精索与包皮：包皮有容纳和保护阴茎头的作用。

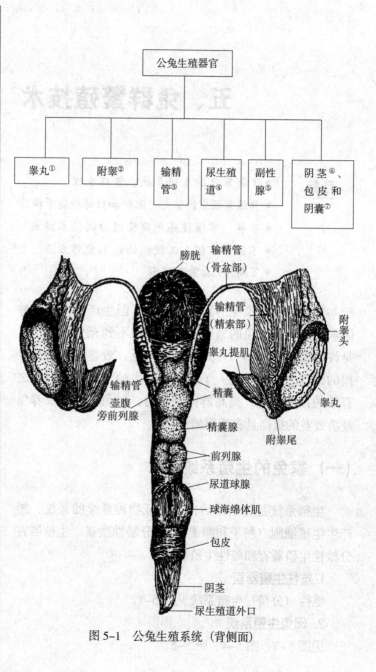

图5-1 公兔生殖系统（背侧面）

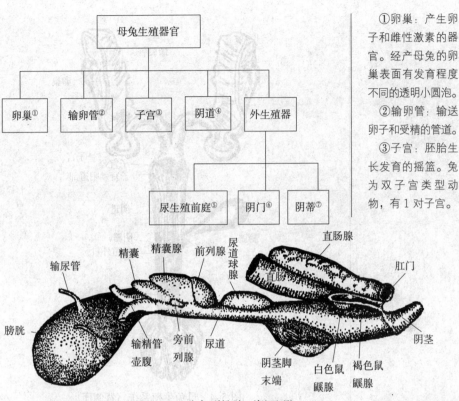

① 卵巢：产生卵子和雌性激素的器官。经产母兔的卵巢表面有发育程度不同的透明小圆泡。

② 输卵管：输送卵子和受精的管道。

③ 子宫：胚胎生长发育的摇篮。兔为双子宫类型动物，有1对子宫。

图 5-2　公兔副性腺（侧面观）

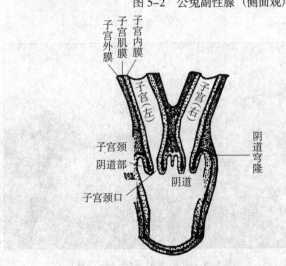

④ 阴道：子宫颈口开于阴道，人工授精时把精液输入此处。

⑤ 尿生殖前庭：交配器官和产道。人工授精输精时切忌插入尿道外口内。

⑥ 阴门：阴门由左右两片阴唇构成。

⑦ 阴蒂：兔的阴蒂发达，长约2厘米。养兔生产中可利用按摩阴蒂的方法促使母兔发情，并进行配种。

图 5-3　子宫与阴道的连接

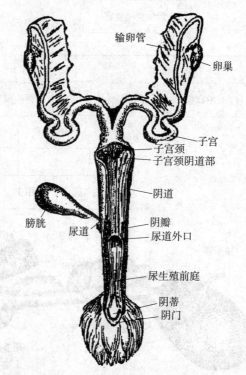

图 5-4　母兔生殖系统（背侧面）

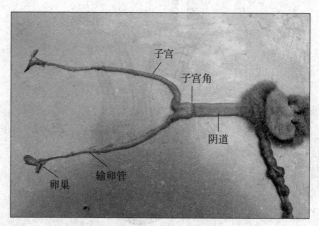

图 5-5　母兔生殖系统（任克良）

▶ **刺激性排卵**

家兔属刺激性排卵动物，即卵巢表面经常有发育程度不同的卵泡，发情并不排卵，只有给予配种刺激才能排卵。养兔生产中只要母兔健康，生殖器官发育良好，采用多次强制配种也能怀孕。

（二）家兔的繁殖生理

1. 初配年龄

指家兔性成熟以后，身体的各个器官基本发育完备，体重达到一定水平，适宜配种繁殖后代的年龄。种兔的初配年龄见表 5-1。也可按达到该品种（系）成年体重的 70%～75% 时开始初配。初配年龄过大，母兔有难产的危险。目前商品肉兔业，母兔初配年龄有提早的趋势。

表 5-1　不同类型兔初配年龄和体重

类　　型		性　　别	年龄（月龄）	体重（千克）
肉用兔	小型兔		4～5	成年体重的 75%
	中型兔		5～6	成年体重的 75%
	大型兔		7～8	成年体重的 75%
獭兔		母兔	5～6	2.75
		公兔	7～8	3.0
长毛兔		母兔	7～8	2.5～3.0
		公兔	8～9	3.0～3.5

2. 兔群公母比例

一般根据生产目的、配种方法和兔群大小而定。商品兔生产采用本交时公母比例为 1：（8～10），人工授精时公母比例为 1：（50～100）。生产种兔的群体为 1：（5～6）。一般群体越小，公兔的比例应越大，同时要注意公兔应有足够数量的血统。

3.种兔利用年限

一般为 2 ~ 3 年。年产窝数增加，利用年限缩短。优秀个体使用合理，可适当延长利用年限。国外规模化生产兔群，利用年限一般为 1 年。

▶ 4.发情

发情表现

兔发情表现为食欲下降，兴奋不安。用前肢刨地、扒箱或用后肢拍打底板，频频排尿，有的用下颌摩擦料盒。母兔的发情周期为 7 ~ 15 天，持续期 1 ~ 5 天。同时要注意外阴部变化。从表 5-2 可知当外阴部苍白、干燥、萎缩（图 5-6）时，配种尚早，如果配种受胎率、产仔数较低。外阴部大红、肿胀且湿润为发情期（图 5-7），此时配种受胎率最高，产仔数较多。外阴部黑紫，此时配种已晚（图 5-8）。外阴部为红色或淡紫色并且充血肿胀时配种较好。俗语有"粉红早，黑紫迟，大红正当时"。

表 5-2　阴门颜色对某些繁殖性状的影响

特　征	白色	粉色	红色	紫色
接受交配（%）	17.0	76.6	93.4	61.9
受胎率（%）	44.9	79.6	94.7	100.0
窝产仔数（只）	6.7	7.7	8.0	8.8

注：来源于 Maertens 等（1983 年）。

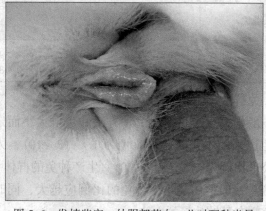

图 5-6　发情鉴定：外阴部苍白，此时配种尚早

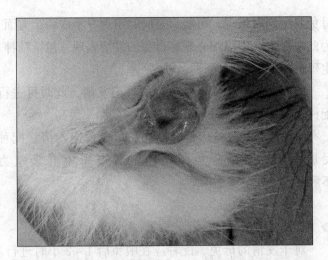

图 5-7　发情鉴定：外阴部大红、肿胀且湿润，此时配种正好

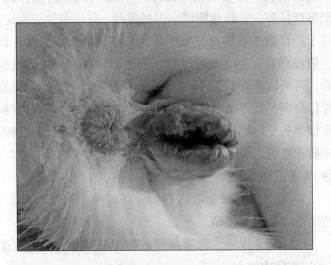

图 5-8　发情鉴定：外阴部黑紫、干燥，此时配种已晚

▶ 母兔发情特征

（1）发情无季节性　一年四季均可发情、配种、产仔。

（2）发情不完全性　母兔发情三大表现（即精神状态，交配欲，卵巢、生殖道变化），并不总是在每个发情母兔身上同时出现，可能只是同时出现一个或两个方面。为此，在生产中应细心观察母兔的发情表现（包括精神、生殖道变化），及时配种。

（3）产后发情　母兔分娩后普遍发情，此时可进行配种（血配）。产后6~12小时配种受胎率最高。

（4）断奶后发情　仔兔断奶后母兔普遍发情，配种受胎率较高，故仔兔断奶过迟对提高兔群繁殖力不利。

5. 配种

▶ 配种时间

对于发情的母兔，配种应在喂兔后1~2小时进行。一般在清晨、傍晚或夜间进行。母兔产仔后配种时间应根据产仔多少、母兔膘情、饲料营养、气候条件等而定。对于产仔数少、体况良好的母兔，可采取产后配种，即一般在产后6~12小时进行，受胎率较高。产仔数较少者，可采取产仔后第14~16天进行配种，哺乳期间采取母仔分离，让仔兔两次吃奶时间超过24小时，这时配种发情率和受胎率较高。产仔数正常，可采取断奶后配种，一般在断奶当天或第二天进行配种。

▶ 人工催情

对不发情的母兔除改善饲养管理外，可采用激素、性诱等方法进行催情。

（1）激素催情　激素催情的药物采取静脉注射（图5-9）或肌内注射。

①孕马血清促性腺激素，每只兔皮下注射15~20国际单位，60小时后再于耳静脉注射5微克促排卵2号或50单位人绒毛膜促性腺激素，然后配种。②促排卵2号，耳静脉注射5~10微克/只（视兔体重大小）。③瑞塞脱，每只肌内注射0.2毫克后，立即配种，受胎率可达72%。

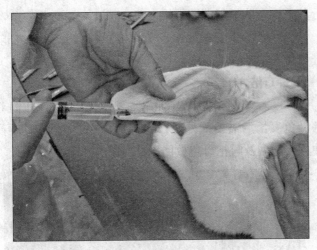

图 5-9 静脉注射刺激药物（任克良）

（2）**性诱催情** 把不发情母兔和性欲旺盛的公兔关在一起 1～2 天。或将母兔放入公兔笼内，让公兔追逐、爬跨后捉回母兔（图 5-10）。每天 1 次，经 2～3 次后就可诱发母兔发情、排卵。

（3）**剪毛催情** 配种当天或前一天对长毛兔母兔进

图 5-10 性诱催情：把母兔放入公兔笼内，让公兔
爬跨，刺激母兔发情（任克良）

行剪毛，有明显的催情效果。

（4）食物催情　喂给母兔大麦芽、黄豆芽，也能促进母兔发情。

▶ 配种方法

（1）人工辅助交配　即平时把公、母兔分开饲养，待母兔发情后需要配种时，将母兔放入公兔笼内进行配种，交配后及时把母兔放回原处（图5-11）。

图5-11　人工辅助交配方法（任克良）

第一，配种前的准备

①患有疾病的公、母兔不能配种。②公母兔血缘3代以内不能配种，防止近亲繁殖。③检查母兔发情状况，发情时交配效果较好。④准备好配种记录表格，详细做好配种产仔记录。

第二，配种程序

①配种时间：配种应在饲喂后，公、母兔精神饱满时进行。②将母兔轻轻放入公兔笼内。若母兔正在发情，待公兔做交配动作时，即抬高臀部举尾迎合，之后公兔发出"咕咕"尖叫声，倒向一侧，表示已顺利射精。③母兔接受交配后，饲养人员迅速抬高母兔后躯片

刻或在母兔臀部拍一掌，以防精液外流（图 5-12）。④察看外阴。若外阴湿润或残留少许精液，表明交配成功，否则应再行交配。⑤将母兔放回原笼，并将配种日期、所用公兔耳号等及时登记在母兔配种卡上（图 5-13）。

（2）人工授精　详见本章后面部分。

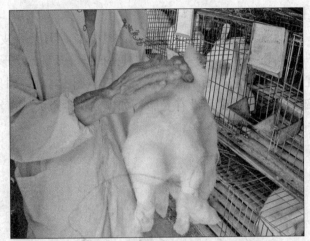

图 5-12　配种完成后，在母兔臀部轻拍一掌，
使子宫收缩，防止精液外流（任克良）

图 5-13　配种完成后，进行配种登记（任克良）

6. 妊娠检查

及早、准确地检查是否怀孕，对于提高家兔繁殖效率是非常重要的，也是养兔生产者必须掌握的一项技术。

▶ **检查时间**

一般母兔交配后 10 ~ 12 天进行，最好在早晨饲喂前空腹进行。

▶ **摸胎方法**

将母兔放在桌面或地面上，左手抓住两耳及颈皮，兔头朝向检查者，右手大拇指与其他拇指分开呈八字形，手心向上，自前向后沿腹部两旁摸索（图 5-14）。如果腹部柔软如棉，则系没有受胎；如摸到花生米大、可滑动的肉状物，则为怀孕。

图 5-14　摸胎方法

▶ **摸胎注意事项**

（1）10~12 天的胚泡与粪球的区别。粪球呈扁椭圆形，表面粗糙，指压无弹性，分散面较大，并与直肠宿粪相接；而胚胎呈圆形，多数均匀排列于腹部后侧两旁，指压有弹性。

（2）妊娠时间不同，胎泡的大小、形态和位置不一样。妊娠 10~12 天，胚泡呈圆形，似花生米大小，弹性较强，在腹后中上部，位置较集中。妊娠 14 ~ 15 天，胚泡仍为圆形，似小枣大小，弹性强，位于腹后中部。

(3) 一般初产母兔的胚胎稍小，位置靠后上；经产兔胚胎稍大，位置靠下。

(4) 注意胚胎与子宫瘤、子宫脓疱和肾脏的区别。子宫瘤虽有弹性，但增长速度慢，一般为 1 个。当肿瘤脓疱多个时，大小一般相差很大，胚胎则大小相差不大。此外，脓疱手摸时有波动感。

(5) 当母兔膘情较差时，肾脏周围脂肪少，肾脏下垂，有时会误将肾脏与 18~20 天的胚胎混淆。

(6) 摸胎时，动作要轻，切忌用力挤压，以免造成死胎、流产。

(7) 技术熟练者，摸胎可提前至第 9 天，但 12 天时需再确认一次。

7. 分娩

➤ 妊娠期

母兔的妊娠期平均为 30~31 天，范围是 28 ~ 34 天。妊娠期的长短，因品系、年龄、个体营养状况及胎儿的数量和发育情况等不同而略有差异。

➤ 分娩

(1) 分娩预兆　多数母兔在临产前 3 ~ 5 天乳房肿胀，能挤出少量乳汁。外阴部肿胀、充血，黏膜潮红，食欲减退甚至废绝。临产前 1~2 天向产箱内衔草，并将胸前、腹部的毛用嘴拉下，衔到窝内做巢（图 5-15）。对不会拉毛或不拉毛的母兔，需人工拉毛。临产前数小时，母兔情绪不安，频繁出入于产箱，并有四肢刨地、顿足、拱背努责和阵痛等表现。

(2) 分娩过程　母兔分娩多在夜深人静或凌晨时进行，因此要做好接产工作。分娩时，体躯前弯呈坐式，阴道口朝前，略偏向一侧。这种姿势便于用嘴撕裂羊膜囊，咬断脐带和吞食胞衣。一般产仔过程需要 15 ~ 30 分钟。

图 5-15　拉毛做窝（任克良）

（3）分娩的前后护理　分娩前 2～3 天，应将消毒好的巢箱放入笼内，以刨花垫窝最好。对于不拔毛的母兔，可以在其产箱内垫一些兔毛，以启发母兔从腹部和肋部拔毛（此两处毛根在分娩前比较松动）。分娩前后供给母兔充足的淡盐水，以防食仔。产仔结束后，及时清理产仔箱内胎盘、污物，清点产仔数，对未哺乳的仔兔采取人工强制哺乳。产仔多的可找保姆兔代哺，否则淘汰体重过小或体弱的仔兔，或对初生兔进行性别鉴定，将多余弱小的公兔淘汰。

定时分娩技术

怀孕超过 30 天（包括 30 天）的母兔，可采取诱导分娩技术（见饲养管理部分）或注射激素进行定时产仔。

激素催产：对怀孕 30 天（包括 30 天）尚未分娩的母兔，先用普鲁卡因注射液 2 毫升在阴部周围注射，使产门松开。再注射 2 单位的后叶催产素，数分钟后，子宫壁肌肉开始收缩，顺利时分娩可在 10 分钟完成。必须预先准备好产箱和做好分娩护理。

（三）家兔的人工授精①

人工授精是一项经济、科学的家兔繁育技术。

①人工授精：指技术人员采取公兔的精液，再用输精器械把精液输入到母兔生殖道内，从而达到母兔受孕的一项技术。

1. 人工授精技术的特点

▶ 优点

（1）能够充分利用优秀公兔，加快遗传进展，提高兔群质量，迅速推广良种。

（2）减少公兔饲养量，降低饲养成本。

（3）减少疾病、尤其是繁殖疾病传播的概率。

（4）提高母兔配种受胎率。

（5）可以克服某些繁殖障碍，如生殖道的某些异常或公、母兔体型差异过大等，从而有利于繁殖力的提高。

（6）可实现同期配种、同期分娩、同期出栏，有利于集约化生产的管理。

（7）不受时空限制即可获得优秀种公兔的冷冻精液。

▶ 缺点

（1）需要有熟练掌握操作技术的人员。

（2）必要的设备投资，如显微镜等。

（3）多次使用某些激素进行刺激排卵，会形成抗体，导致母兔受胎率下降。

2.人工授精室的建设

建议开展人工授精的规模兔场建设专门的人工授精室（图5-16），最好与种公兔舍通过小窗口相连，方便采精（图5-17）。人工授精室主要设备包括显微镜、冰箱、水浴锅、烘干箱、高压灭菌锅、恒温箱、采精设备等。舍内安装空调、紫外线等设备。

3.人工授精的方法和步骤

▶ 采精公兔的选择

应根据以下条件综合考虑：

（1）公兔后裔测定成绩优秀，且符合本场兔群的育种、改良计划。

（2）查看公兔系谱，避免近亲繁育。

（3）公兔无特定的遗传疾病或其他疾病。

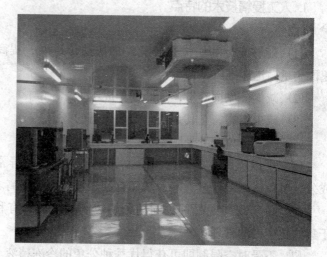

图 5-16 人工授精实验室

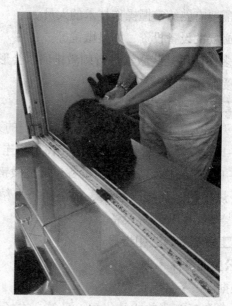

图 5-17 人工授精室与种公兔舍相连的窗口

（4）严禁使用未经严格选育、生产性能低下的公兔。

▶ **采精**

(1) 制作或购买采精器　常用的采精器主要是假阴道。一般可以自行制作或从市场上购买现成的采精器材（图 5-18 至图 5-21）。

图 5-18　采精器

图 5-19　玻璃采集器

图 5-20　瓶式采集器

图 5-21　自动加温采集器

假阴道的构造与安装

外壳：一般用硬质塑料管、硬质橡胶管或自行车车把制成，外筒长 8～10 厘米，内径 3～4 厘米。

内胎：可用医用引流管代替，长 14～16 厘米。

集精管：可用指形管、刻度离心管，也可用羊用集精杯代替。

安装：在外壳上钻一个直径 0.7 厘米左右的孔，用于安装活塞（活塞选用合适型号的黏合胶固定）。其内胎长度由假阴道长度而定。集精管可用小试管或者抗生素小玻璃瓶。

把安装好的假阴道用 70% 的酒精彻底消毒，等酒精挥发完以后，通过活塞注入少量 50~55℃的热水，并将其调整到 40℃左右。接着在内胎的内壁上涂少量白凡士林或液体石蜡起润滑作用。最后注射空气，调节压力，使假阴道内胎呈三角形或四角形，即可用来采精。

（2）采精　采精者一手固定母兔头部；另一手持假阴道置于母兔两后肢之间（图 5-22、图 5-23），待爬跨公兔射精时，即把母兔放开，将假阴道竖直，放气减压，使精液流入集精管，然后取下集精管。

图 5-22　采　精（娄志荣）

图 5-23　采精示意图

▶ 精液品质检查

检查的目的：

（1）确定所采精液能否用作输精。

（2）确定精液稀释倍数。

采精后即进行检查，室温以 18～25℃为宜。分肉眼检查和显微镜检查（图 5-24、图 5-25），检查方法见表 5-3。

▶ 精液的稀释

（1）稀释的目的　①扩大精液量；②延长精液保存时间；③中和副性腺分泌物对精子的有害作用；④缓冲精液 pH。

（2）稀释倍数　精液稀释倍数依据精子密度、精子活力[①]等因素而定，一般稀释倍数为 1：（5～10）。

①精子活力：精子活力就是直线运动的精子占所有精子数量的百分比（表5-4）。它是评定精液品质好坏的重要指标。

图 5-24　精液品质鉴定

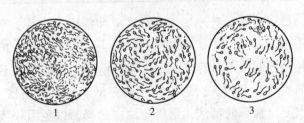

1　　　　　2　　　　　3

图 5-25　精子密度估测示意

表5-3 精液品质鉴定方法

项 目	测定方法	正 常	合格精液	不合格精液
颜色	肉眼	乳白色，混浊、不透明	云雾状翻动表示活力强、密度大	精液色黄可能混有尿液，色红可能混有血液
气味	肉眼	有一种腥味		有臭味
酸碱度	光电比色计或精密试纸	接近中性	pH8～7.5	pH 过大，表示公兔生殖道可能患有某种疾患，其精液不能使用
精子活力#	显微镜下观察、计数	活力越高，表示精液品质越好	精子活力≥0.6，方可输精	精子活力＜0.6
密度#	显微镜下测定	正常公兔每毫升精液含 2 亿～3 亿	中级以上	下级
形态	显微镜下观察	具有圆形或卵圆形的头部和一个细长的尾部	正常精子占总精子数的百分数高于80%	畸形精子#占总精子数的百分数高于 20%
射精量	刻度吸管	0.5～2.5 毫升/次		

表5-4 十级制精子活力标准评定表

运动形式	评 分										
	1	0.9	0.8	0.7	0.6	0.5	0.4	0.3	0.2	0.1	振摆运动
呈直线运动的精子（%）	100	90	80	70	60	50	40	30	20	10	—
呈摇摆运动或其他方式运动的精子（%）		10	20	30	40	50	60	70	80	90	100

精子密度：是指每毫升精液中所含精子的数量。常用评定密度的方法有估测法和计数法。

（3）精液稀释方法 稀释液应和精液在等温、等渗和等值（pH6.4～7.8）时进行稀释（表5-5、图5-26）。稀释液要缓慢地沿容器壁倒入盛有精液的容器中，不能反向操作；否则，会影响精子的存活。如果需高倍（5倍以上）稀释的精液，最好分两次稀释，以免因环境突变而影响精子存活。

表 5-5　精液稀释液的种类及配制方法

稀释液种类	配 制 方 法
0.9％生理盐水	可使用注射用生理盐水
5％葡萄糖稀释液	无水葡萄糖 5.0 克，加蒸馏水至 100 毫升。或使用 5％葡萄糖溶液
11％蔗糖稀释液	蔗糖 11 克，加蒸馏水至 100 毫升
柠檬酸钠葡萄糖稀释液	柠檬酸钠 0.38 克，无水葡萄糖 4.45 克，卵黄 1～3 毫升，青霉素、链霉素各 10 万国际单位，加蒸馏水至 100 毫升
蔗糖卵黄稀释液	蔗糖 11 克，卵黄 1～3 毫升，青霉素、链霉素各 10 万国际单位，加蒸馏水至 100 毫升
葡萄糖卵黄稀释液	无水葡萄糖 7.5 克，卵黄 1～3 毫升，青霉素、链霉素各 10 万国际单位，加蒸馏水至 100 毫升
蔗乳糖稀释液	蔗糖、乳糖各 5 克，加蒸馏水至 100 毫升

注意事项：①用具要清洁、干燥，事先要消毒；②蒸馏水、鸡蛋要新鲜，药品要可靠；③药品称量要准确；④药品溶解后过滤，隔水煮沸 15～20 分钟进行消毒，冷却到室温再加入卵黄和抗生素；⑤稀释液最好现配现用。即使放在 3～5℃冰箱中，也以 1～2 天为限

▶ 输精

（1）发情鉴定　输精前需进行母兔发情鉴定，以便提高人工授精的受胎率。主要通过母兔的外部表现、精神状况和外阴部变化进行判断。发情的母兔外阴部红肿、湿润，活跃不安，食欲下降。

（2）输精量　鲜精为 0.5～1 毫升。一般一次输入活精子数 1 000 万～1 500 万个为宜。冻精 0.3～0.5 毫升。

图 5-26　精液稀释操作
（任克良）

畸形精子：常见的有双头双尾、大头小尾、有头无尾、尾部卷曲等。畸形精子会明显影响受胎率。

有效精子数：有效精子数 = 冻精浓度×冻精输入量×冻后活力。

一般一次输入有效精子数*600 万～900 万个为宜。

（3）输精次数　一般为一次，有条件的两次更好。

149

　　（4）**输精方法**　由一人保定母兔头部，另一人左手提起兔尾，右手持输精器，并把输精器弯头向背部方向插入阴道6～8厘米，越过尿道口后，慢慢将精液注入近子宫颈处，使其自行流入两子宫开口中（图5-27、图5-28、图5-29）。使用输精架效率更高（图5-30）。

　　（5）**排卵刺激**　家兔属刺激性排卵动物。如不经任何刺激，母兔卵巢中的卵泡虽已成熟，卵泡液不会自然破裂排出卵子，因此输精的同时，必须作排卵处理。

　　常用的处理方法：①交配刺激。用不育或结扎输精管的公兔进行排卵刺激。仅适合于小群体人工授精。②激素或化合物刺激。常用的促排卵激素、化合物种类、剂量及注意事项见表5-6。静脉注射方法见图5-31。

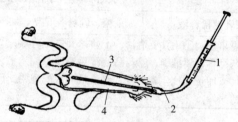

图5-27　输精管的安装及输精部位
1.注射器　2.连接管　3.输精管　4.母兔阴道

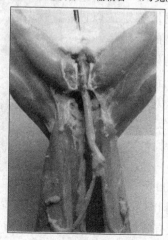

图5-28　输精的部位：子宫颈口

图 5-29　输精

图 5-30　输精架

（6）输精时注意事项　①严格消毒。输精管要在吸取精液之前先用 35～38℃的消毒液或稀释液冲洗 2～3 次，再吸入定量的精液输精。母兔外阴部要用 0.9%盐水浸湿的纱布或棉花擦拭干净。输精器械要清洗干净，置于通风、干燥处备用。②输精部位要准确。应将精液输到子宫颈处。插入太深易造成单侧受孕，影响产仔数。

表 5-6　激素、化合物刺激排卵方法及注意事项

激素或药物种类	剂　量	注射方式	注意事项
人绒毛膜促性腺激素	每千克体重 20 国际单位	静脉	连续注射会产生抗体，4～5 次后母兔受胎率下降明显
促黄体素（LH）	每千克体重 0.5～1.0 毫克	静脉	连续注射会产生抗体，4～5 次后母兔受胎率下降明显
促性腺素释放激素（GnRH）	20～40 微克/只	肌内	不会产生抗体
促排卵素 3 号（LRH-A$_3$）	0.5 微克/只	肌内	输精前或输精后注射
促黄体素释放激素（LH-RH）（商品名：促排卵素（LRH））	5～10 微克/只（体重 3～5 千克）	静脉	不会产生抗体
瑞塞托（Recepta，德国产）	0.2 毫升/只	肌内、静脉或皮下	不会产生抗体
葡萄糖铜＋硫酸铜	每千克体重 1 毫克	静脉	注射后 10～12 小时排卵效果良好

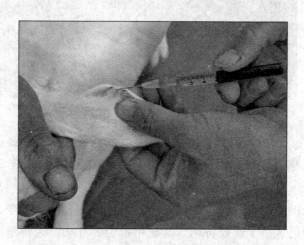

图 5-31　注射刺激药物（任克良）

切勿插到尿道口内，而将精液输入到膀胱中。

（四）提高兔群繁殖力的技术措施

采取切实可行的技术措施提高兔群繁殖力，对兔群发展和养兔经济效益的提高具有重要的意义。

1. 选养优良品种（配套系）、加强选种

优良品种（配套系）繁殖性能比较好。加大兔群选育力度，选择性欲强，生殖器官发育良好、睾丸大而均称，精子活力高、密度大和七八成膘的优秀青壮年兔作种用；及时淘汰单睾、隐睾、生殖器官发育不全及患有疾病、治疗无明显好转的个体。母兔需从优良母兔的 4 ~ 12 胎中选育，乳头在 4 对以上，外阴端正。

2. 合理进行营养供应

公母兔饲粮粗蛋白质以 15% ~ 17% 为宜，其他营养元素，如维生素 A、维生素 E、锌、锰、铁、铜、硒等也要添补，也可直接添加兔宝 2 号（山西省农业科学院畜牧研究所科研成果）。冬春季节青饲料不足，给种兔可以添喂胡萝卜或大麦芽，以利配种受胎。怀孕期间不宜过度饲养，这样可减少胚胎死亡率，提高母兔产仔数。

3. 提高兔群中适龄母兔比例

保持兔群壮年兔占 50%、青年兔占 30%，降低老龄兔的比例，以提高兔群繁殖力。为此，每年须选留培养充足的后备兔作为补充。

4. 人工催情

对不发情的母兔除改善饲养管理外，采用激素、性诱等方法进行催情，提高配种受胎率。

5. 改进配种方法

采用双重、交配重复交配提高受胎率和产仔数。

▶ **双重配种方法**

指一只母兔连续与两只公兔交配,中间相隔时间20~30分钟。

▶ **重复配种方法**

指第一次配种后间隔4~6小时,再用同一公兔交配一次。

6. 正确采取频密繁殖法

适时、合理进行频密繁殖或半频密繁殖,可提高家兔的繁殖速度。

▶ **频密繁殖**

频密繁殖即血配,就是母兔产仔后1~2天内配种。

▶ **半频密繁殖**

半频密繁殖是在母兔产后12~15天内配种。

这两种方法必须在饲料营养水平和管理水平较高的条件下进行,并且不能连续进行。采取频密繁殖后,种兔利用年限缩短,自然淘汰率高,所以一定要及时更新繁殖母兔群。

7. 及时进行妊娠检查,减少空怀

配种后及时进行妊娠检查,对空怀兔及时进行配种。

8. 科学控光控温,缩短"夏季不孕期"

每天补充光照至16小时,光照强度20勒克斯,有利于母兔发情。夏季高温季节采取各种降温措施,避免和缩短夏季不孕期。

9. 严格淘汰,定期更新

种兔要定期进行繁殖成绩及健康检查,对年产仔数少、老龄、屡配不孕、有食仔恶癖、患有严重乳房炎及子宫积脓的母兔要及时淘汰。同时将优秀青年种兔及时补进群内。

(五)工厂化周年循环繁殖制度

工厂化养兔生产为了最大限度地挖掘家兔的繁殖潜

力，提高生产率，目前多采用 35/42/49 天繁育模式，该模式是国际上应用广泛的高效繁育技术。

1. 该模式具有的特点

（1）每只母兔每年可繁育 7~8 窝。

（2）需要同期发情、同期排卵和人工授精等技术的配合。

（3）需要较高的营养供给。这种繁育模式对母兔和公兔的生理压力较大，必须供给充足的营养。

（4）必须有"全进全出"的现代化养殖制度配合，以减少疾病的发生。

2. 配套技术及设施

（1）优良的品种（配套系）

适宜工厂化周年循环繁殖模式的兔群品种必须是经过高度选育的品种或配套系，这样其繁殖性状一致，能够达到产仔数高而稳定、同窝仔兔均匀度高、生长发育整齐，能够同期出栏。目前，肉兔生产中广泛采用的配套系都可以达到这一要求。

（2）同期发情技术

采取物理或化学技术手段，促使母兔群同期发情，常用的有以下几种。

①光照控制

如图 3-32 所示，从人工授精 11 天后到下次人工授精前的 6 天，光照 12 小时，7：00 时至 19：00 时；从人工授精前的 6 天到人工授精后的 11 天，16 小时光照，7：00 时至 23：00 时。密闭兔舍方便进行光照控制，对开放式或半开放式兔舍需要采用遮黑挡光的方式控制自然光照的影响。光照强度在 60~90 勒克斯。生产中要根据笼具类型灵活掌握（图 3-33）。

②哺乳控制

据欧洲大型兔场实践经验，对于正在哺乳的母兔采

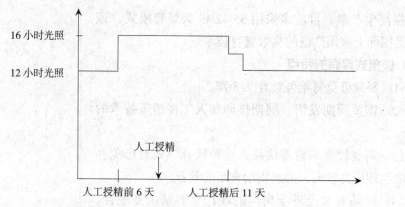

图 3-32　光照程序示意图（谷子林、秦应和、任克良主编的《中国养兔学》）

图 3-33　光照刺激的母兔

取控制饲喂量的方法可以达到同期发情的目的。

（3）配套设施

开展工厂化周年循环繁殖模式的兔场，要有科学的兔舍和笼具，完善的兔舍环境控制设备，其中以品字形两层琥珀单层为宜；兔舍采用全封闭式有利于同期发情处理；兔舍要有加温、降温、通风等设施，保障兔舍适宜的温度和良好的环境。

3.饲养技术

处于工厂化周年循环繁殖模式的兔群，全年处于高度繁育强度下，需要供给营养全价均衡的饲粮，同时根据不同时期采取相应的饲养方式，这样才能达到预期的目标。

4. 不同间隔模式

➤ 49 天繁殖模式

49 天繁殖模式是指两次配种时间的间隔为 49 天，于母兔产后 18 天再次配种，可实现每年 6 窝的繁殖次数，平均每只母兔提供出栏商品兔为 40 只，甚至更多。

49 天繁殖模式每个批次间的间隔时间为 1 周，每个批次在 49 天轮回一次生产（图 5-34、图 5-35、图 5-36、图 5-37 和表 5-7）。

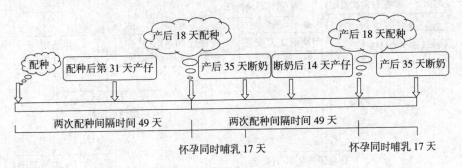

图 5-34　49 天繁殖模式示意图一（阎英凯）

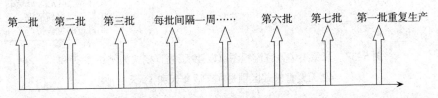

图 5-35　49 天繁殖模式示意图二

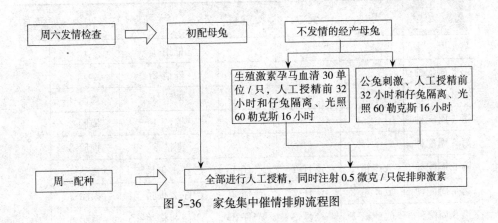

图 5-36　家兔集中催情排卵流程图

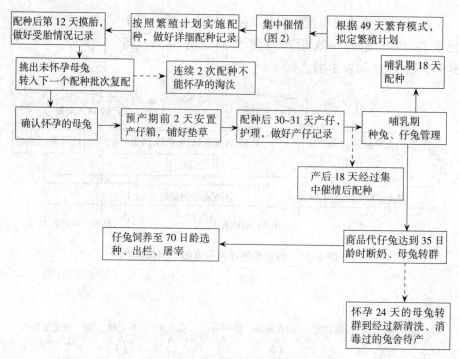

图 5-37　家兔集中繁育流程图（以 49 天繁育模式为例，35 天和
42 天繁育模式区别是在产后 4 天和 11 天配种）

表 5-7　采取集中繁育后工作日程的标准化、规律化示意表
（以 49 天繁育模式为例）

周次	周一	周二	周三	周四	周五	周六	周日
第 1 周					催情-1	·	
第 2 周	配种-1				催情-2		
第 3 周	配种-2				催情-3	摸胎-1	
第 4 周	配种-3				催情-4	摸胎-2	
第 5 周	配种-4				催情-5	摸胎-3	休息
第 6 周	配种-5	放产箱-1	产仔-1	产仔-1	产仔-1 催情-6	摸胎-4	
第 7 周	配种-6	放产箱-2	产仔-2	产仔-2	产仔-2 催情-7	摸胎-5	
第 8 周	配种-7	放产箱-3	产仔-3	产仔-3	产仔-3 催情-1	摸胎-6	

（续）

周次	周一	周二	周三	周四	周五	周六	周日
第9周	配种-1	放产箱-4	产仔-4 撤产箱-1	产仔-4	产仔-4 催情-2	摸胎-7	
第10周	配种-2	放产箱-5	产仔-5 撤产箱-2	产仔-5	产仔-5 催情-3	摸胎-1	休息
第11周	配种-3	放产箱-6	产仔-6	产仔-6	产仔-6 催情-4	摸胎-2	

备注：工作后缀数字代表批次，例如：配种-1代表第一批母兔配种。

全进全出的批次化繁殖模式的优点

（1）便于组织生产，年初制订繁殖计划时，可以明确每天的具体工作内容和工作量。

（2）每周批次化生产，减少了发情鉴定、配种、摸胎等零散繁琐的工作，使这些操作集中进行，饲养人员有更多的时间照顾种兔和仔兔。

（3）全进全出，彻底清扫、清洗、消毒兔舍和笼具，减少疾病的发生，提高成活率。

（4）采取人工授精，减少了种公兔的饲养数量，降低了养殖成本。

（5）员工工作规律性强，便于培训和员工成长，员工可以有休息日和节假日，有利于留住人才。

56天繁殖周期模式

将母兔分为8组，每周给其中1组配种，进行轮流繁育，56天为一个繁殖周期。一年繁殖6.5胎。具体流程安排见表5-8。

表 5-8　56 天繁殖周期模式工作流程表

周次	星期一	星期二	星期三	星期四	星期五	星期六	星期日
第 1 周	配种 1						
第 2 周	配种 2					摸胎-1	
第 3 周	配种 3					摸胎-2	
第 4 周	配种 4					摸胎-3	
第 5 周	配种 5	放产箱-1		接产-1	接产-1	摸胎-4	
第 6 周	配种 6	放产箱-2		接产-2	接产-2	摸胎-5	
第 7 周	配种 7	放产箱-3		接产-3	接产-3	摸胎-6	
第 8 周	配种 8	放产箱-4	撤产箱-1	接产-4	接产-4	摸胎-7	
第 9 周	配种 1	放产箱-5	撤产箱-2	接产-5	接产-5	摸胎-8	断奶-1
第 10 周	配种 2	放产箱-6	撤产箱-3	接产-6	接产-6	摸胎-1	断奶-2
第 11 周	配种 3	放产箱-7	撤产箱-4	接产-7	接产-7	摸胎-2	断奶-3
第 12 周	配种 4	放产箱-8	撤产箱-5	接产-8	接产-8	摸胎-3	断奶-4
第 13 周	配种 5	放产箱-1	撤产箱-6	接产-1	接产-1	摸胎-4	断奶-5
第 14 周	配种 6	放产箱-2	撤产箱-7	接产-2	接产-2	摸胎-5	断奶-6
第 15 周	配种 7	放产箱-3	撤产箱-8	接产-3	接产-3	摸胎-6	断奶-7
第 16 周	配种 8	放产箱-4	撤产箱-1	接产-4	接产-4	摸胎-7	断奶-8
第 17 周	配种 1	放产箱-5	撤产箱-2	接产-5	接产-5	摸胎-8	断奶-1

六、家兔营养与饲料

根据家兔的营养需求，选择适宜的饲料种类，配制营养均衡的饲料，是保证兔群健康、获得较高经济效益的基础。

(一) 家兔的营养需要

1. 能量需要

能量是维持家兔生命及生产活动（生长、繁殖、泌乳等）的首要条件。家兔所需能量多数由碳水化合物供给，少量由脂肪提供，有时也可由过量的蛋白质提供。

家兔所需能量一般用消化能来表示。能量单位为焦耳[①]。

家兔具有根据饲粮能量浓度调整采食量的能力。然而，只有在饲粮的消化能（DE）浓度超过9.41兆焦／千克时，家兔才可能通过调节采食量来实现稳定的能量摄入量。

影响家兔能量需要量的因素有品种、生理阶段、年

①1 千焦 =1 000 焦，1 兆焦 =1 000 千焦。

龄、性别和环境温度等。

生长兔的能量需要

生长兔的平均维持需要为每千克代谢体重需消化能（DE）418.4 千焦$^{0.75}$。根据析因法计算出：生长兔（0.8 ~ 2.4 千克）总消化能需要包括维持需要和生长需要，大约需要 1 300 千焦 / 日，如果饲粮消化能为 11.3 千焦 / 千克，那么每天的饲喂量必须达 115 克，才能满足其需要。

繁殖母兔的能量需要

母兔的能量需要量 = 维持需要 + 泌乳需要 + 妊娠需要 + 仔兔生长需要。母兔能量需要量与所处生理阶段等有关，表 6-1 是不同生理阶段高产母兔总的能量需要量。

表 6-1　高产母兔在繁殖周期不同阶段的能量需要量

（计算所得）（4 千克标准母兔的需要量）

单位：千焦/日

阶　　段	维持	妊娠	泌乳	总计	饲料（克/日）
青年母兔（妊娠）（3.2 千克）	240	130	—	370	148
妊娠母兔					
0~23 天	285	95	—	385	154
23~31 天	285	285	—	570	228
泌乳母兔					
10 天	310	—	690	1 000	400
17 天	310	—	850	1 160	464
25 天	310	—	730	1 160	464
泌乳＋妊娠					
10 天	310	—	690	1 000	400
17 天	310	95	850	1 255	502
25 天	310	95	730	1 135	454

注：1. 假定每千克饲粮能量含量为 10.46 千焦消化能。

2. 产奶量：10 天，235 克；17 天，290 克；25 天，220 克。

资料来源：选自 Maerens。

能量不足或过量的危害

饲粮中能量不足时，生长兔增重速度减慢，饲料利用率下降，产毛量下降。能量过高时，消化道疾病发病率升高；母兔肥胖，发情紊乱，不孕、难产或胎儿死亡率升高；公兔配种能力下降；饲料成本升高。

2. 蛋白质需要

蛋白质是维持生命活动的基本成分，是兔体、兔皮、兔毛生长不可缺少的营养成分。

蛋白质品质好坏取决于组成蛋白质的氨基酸种类、数量及氨基酸之间的比例合适与否。家兔有 10 种必需氨基酸①。生产中使用普通饲料原料时，赖氨酸、含硫氨基酸和苏氨酸是第一限制性氨基酸。

家兔对蛋白质的需要不仅要求一定的数量，而且要求一定的品质。不同生理阶段和不同生产目的的兔蛋白质需要量不同。

生长兔蛋白质需要

一般认为生长兔每 4 184 千焦消化能需要 46 克可消化粗蛋白 DCP。兔饲粮蛋白质消化率平均为 70%，饲粮消化能含量为 10.04 千焦 / 千克时，就可计算粗蛋白含量：

最低饲粮的粗蛋白质含量 $=46 × 2.4/0.70 = 158$（克 / 千克）或 15.8%。

繁殖母兔粗蛋白质需要

兔乳中蛋白质、脂肪含量丰富，为牛乳的 3 ~ 4 倍，其能值大约有 1/3 由蛋白质来提供，因此繁殖母兔每 4 184 千焦消化能需 51 克 DCP。饲粮蛋白质的平均消化率为 73%，饲粮消化能含量为 10.46 兆焦 / 千克，计算出粗蛋白含量为：

泌乳的最低粗蛋白质 $=51 × 2.5/0.73 = 175$（克 / 千克）或 17.5%。

①家兔必需氨基酸有蛋氨酸、赖氨酸、精氨酸、苏氨酸、组氨酸、异亮氨酸、亮氨酸、苯丙氨酸、色氨酸和缬氨酸10种。

成年兔粗蛋白质需要

成年兔用于维持的粗蛋白质需要量很低，一般饲料中蛋白质含量 13% 就足以满足其需要了。

产皮兔、产毛兔粗蛋白质需要

产皮兔和产毛兔的终产品（皮和毛）中的含氮化合物和含硫氨基酸含量高，因而对它们的蛋白质营养需要应特别关注。饲粮中的蛋白质含量最少应为 16%，含硫氨基酸（蛋氨酸、胱氨酸）最少为 0.7%。表 6-2 中列出了饲粮粗蛋白、最低氨基酸推荐量。

表 6-2　家兔饲粮蛋白质和氨基酸的最低推荐量

饲粮水平（89%～90%的干物质）	繁殖母兔	断奶小兔	肥育兔
消化能（兆焦/千克）	10.46	9.52	10.04
粗蛋白（%）	17.5	16.0	15.5
可消化蛋白质（%）	12.7	11.0	10.8
精氨酸（%）	0.85	0.90	0.90
组氨酸（%）	0.43	0.35	0.35
异亮氨酸（%）	0.70	0.65	0.60
亮氨酸（%）	1.25	1.10	1.05
赖氨酸（%）	0.85	0.75	0.70
蛋氨酸＋胱氨酸（%）	0.62	0.65	0.65
苯丙氨酸＋酪氨酸（%）	0.62	0.65	0.65
苏氨酸（%）	0.65	0.60	0.60
色氨酸（%）	0.15	0.13	0.13
缬氨酸（%）	0.85	0.70	0.70

资料来源：选自 Maertebs。

蛋白质不足或过量的危害

蛋白质不足：生长速度下降；母兔发情不正常，胎儿发育不良，泌乳量下降；公兔精子密度小，品质降低；换毛期延长；獭兔被毛质量下降，毛兔产毛量下降，品质也下降。

蛋白质过高：饲料成本增加，引起肾损伤，大量的氮排放导致环境污染加剧。

3. 粗纤维的需要

家兔属单胃草食动物，其消化道能有效利用植物性饲料，同时也产生对植物纤维的生理需要。

> **粗纤维的生理作用**

（1）提供能量。

（2）维持正常胃肠道消化生理机能。粗纤维在保持消化物稠度，形成粪便及食物在消化道运转过程中起一定的作用。

（3）预防毛球病（图 6-1）。

（4）减少异食癖。

> **纤维的需要**

传统的粗纤维测定方法是先用酸，然后用碱进行水解，以提取出纤维残留物。因为具有高度的可重复性、迅速、简单、低廉，所以全世界都经常使用。但该方法主要缺点是：纤维残留物的化学成分存在高度的差异性，对于解释纤维对动物的影响并不是非常有用。

图 6-1　兔胃中取出的毛球（任克良）

一般传统的观点认为：家兔饲粮中粗纤维含量以 12%～16% 为宜。粗纤维含量低于 6% 会引起腹泻，粗纤维含量过高则生产性能下降。

目前较为先进的测定方法是范氏（Van Soest）法。纤维按照中性洗涤纤维(NDF)酸性洗涤纤维（ADF）酸性洗涤木质素（ADL）等来表示。

（1）NDF、ADF 和 ADL 的需要　研究表明，细胞壁成分（粗纤维或 ADF）含量高的饲粮可以降低兔的死亡率。纤维的保护性作用表现为刺激回肠—盲肠运动，避免食糜存留时间过长。饲粮中的纤维不仅在调节食糜流动中起重要作用，而且也决定了盲肠微生物增殖的范围。

饲粮中不仅要有一定量的粗纤维，且其中木质素要有一定的水平。饲粮中木质素（ADL）含量对维持消化道具有重要的作用。法国研究小组已经证实了饲粮中ADL对食糜流通速度的重要作用及其防止腹泻的保护作用。消化紊乱所导致的死亡率与试验饲粮中的ADL水平密切相关（$r=0.99$），关系式表示如下。

死亡率（%）$=15.8-1.08$ADL（%）（$n>2000$只兔）

以上关系式表示，饲粮中的木质素（ADL）提高，家兔因消化道疾病导致的死亡率呈现下降趋势。

（2）淀粉含量 除了饲粮纤维，淀粉在营养与肠炎的互作中也起着重要的作用。青年兔的胰腺酶系统还不完善，当饲喂淀粉含量高的饲粮时，可能会导致大量淀粉进入盲肠。尤其是抗水解能力很强的饲粮淀粉（玉米）可能会导致淀粉在盲肠中过量。在回肠中，如果纤维摄入量的增加不能与淀粉的增加同步，就可能造成盲肠微生物区系的不稳定。因此，家兔饲粮中淀粉含量高的玉米比例不宜过高。

（3）较大纤维颗粒的比例 家兔对纤维需要的同时，要注意饲料颗粒的大小。养兔实践中由于粉碎条件或使用一些颗粒细小的木质化副产品（如稻壳或红辣椒粉），饲粮中含有大量木质素，也可能会出现大颗粒含量的不足。因此，为发挥兔的最佳生产性能，降低消化紊乱的风险，饲粮中必须有足够数量的较大颗粒。据De Blas结果得出，饲粮中大颗粒（<0.315毫米）的最低比例是25%。生产中经常出现饲粮中粗饲料比例很高也会导致消化紊乱的情况，可能是粗饲料粉碎过细所致。

为确保食糜以正常流通速度通过消化道，表6-3中给出了饲粮中纤维含量的最小值。纤维推荐量以平均水平为基础。根据健康状况，这个值可适当增加或减少。

4. 脂肪的需要

脂肪是家兔能量的重要来源，也是必需脂肪酸和脂

表 6-3　饲粮中纤维和淀粉的推荐量（%）

饲粮水平（85%～90%干物质）	繁殖母兔	断奶的青年兔	肥育兔
淀粉	自由采食	13.5	18.0
酸性洗涤纤维（ADF）	16.5	21	18
酸性洗涤木质素（ADL）	4.2	5.0	4.5
纤维素（ADF‐ADL）	12	16	13.5

资料来源：Maertens。

溶性维生素（维生素 A、维生素 D、维生素 E 和维生素 K）溶剂的来源。

　　饲粮中添加适量的脂肪，可提高饲料适口性，有利于脂溶性维生素的吸收，同时可增加被毛的光泽。家兔饲粮中脂肪适宜量为 3%～5%。最新研究表明，断奶兔饲粮中添加脂肪可以改善体况，刺激免疫系统发育和增进健康；育肥兔饲粮脂肪比例可增加到 5%～8%，可促进育肥性能和提高毛皮质量，有利于改变脂肪酸谱和兔肉营养价值。母兔饲粮中添加脂肪的有利作用比生长兔更为显著。添加脂肪使能量浓度提高（高于 11–11.5 兆焦/千克消化能），可以使高产母兔的产奶量和全窝仔兔的生长速度最大化。添加较高的脂肪需将将脂肪喷到颗粒料上。

　　添加脂肪以植物油为好，如玉米油、大豆油和葵花油等。

▶ 脂肪含量过低、过高的影响

　　脂肪含量过低：会引起维生素 A、维生素 D、维生素 E 和维生素 K 营养缺乏症。

　　脂肪过高：饲粮成本升高，不宜贮存，增加胴体脂肪含量。饲粮中脂肪含量过高，饲料不易颗粒化。在热环境下，添加脂肪可使能量摄入量增加，降低家兔应对热应激的潜力。

5. 水的需要

　　水是兔体的主要成分，水对饲料的消化和吸收、机体内的物质代谢、体温调节都是必需的。家兔缺水比缺料更难维持生命。

水的来源有饮用水、饲料水和代谢水。仅喂青绿粗饲料时，可能不需饮水，但对生长发育快、泌乳母兔供给饮水是必要的。

家兔可以根据饲料和环境温度调节饮水量。在适宜的温度条件下，青年兔采食量与饮水量的比率稍低于1.7∶1，成年兔这一比率接近2∶1。

饮水量和采食量随环境温度和湿度的变化而变化[①]，因此，建议让兔自由饮水（图6-2）。

图6-2　自由饮水（任克良）

> ①环境温度为20℃以上时，采食量趋于下降，而饮水量增加。高温时（30℃或30℃以上），兔的采食量和饮水量下降，进而影响生长和泌乳母兔的生产性能。

缺水的影响

缺水时生长兔采食量急剧下降，并在24小时内停止采食。母兔泌乳量下降，仔兔生长发育受阻。

限制饮水量或饮水时间，会导致饲料采食量与饮水量呈比例性下降。

饮用水应该清洁、新鲜，不含生物和化学物质。

家兔无缘无故地减少采食量，必须首先考虑饮水或检查饮水是否被污染。定期检查水桶、水管是否被兔毛堵塞或被苔藓所污染。

6. 矿物质的需要

矿物质是家兔机体的重要组成成分，也是机体不可缺少的营养物质，其含量占机体5%左右。矿物质可分为常量元素（Ca、P、Cl、Na、Mg、K）和微量元素（Mn、Zn、Fe、Cu、Mo、Se、I、Co、Cr、F），前者需要量大于后者。

表6-4中给出了不同矿物质的生理功能、推荐量和

表6-4 矿物质元素的生理功能、推荐量及缺乏、过量症

种类	生理功能	推荐量		缺乏症、过量症	备注
		生长兔	泌乳兔		
钙(Ca)和磷(P)	钙磷占体内总矿物质的65%~70%，是骨骼的主要成分。钙在血液凝固的形成。钙在血液凝固，调节神经和肌肉组织的兴奋性及维持体内酸碱平衡中起重要作用，还参与磷、镁、氮的代谢。磷是细胞核中核酸、神经组织中的成分，参与磷脂、磷蛋白和其他化合物的成分，参与调节蛋白质、碳水化合物和脂肪代谢。磷是血液中重要的缓冲物质成分	0.5%(Ca) 0.3%(P)	1.1%(Ca) 0.8%(P)	缺乏钙、磷和维生素D时，可引起幼兔佝偻病，成年兔在产前和产后发生溶骨作用；怀孕母兔在产前和产后发生综合症，表现为食欲缺乏、抽搐、肌肉震颤，耳下垂、侧卧躺地，最终死亡。过高的钙可引起钙质沉着症、尿结石，导致软组织的钙化和降低磷的吸收。过量的磷可能降低采食量和降低母兔的多胎率	钙磷比例以2:1为宜。过量的磷对环境可产生不利影响
钠(Na)和氯(Cl)	钠和氯在维持细胞外液的渗透压中起重要作用。钠和其他离子一起参与维持肌肉、神经组织的兴奋性。参与神经正常的传递过程，并保证消化液呈碱性。氯参与胃酸的形成，与消化机能有关	0.5%的食盐	0.3%的食盐	长期缺乏钠、氯会影响仔兔的生长发育和母兔的泌乳量，并降低饲料利用率。过高时，会引起家兔中毒，表现食欲减退，精神沉郁，结膜潮红，腹泻，口渴；随即兴奋不安，头部震颤，步履蹒跚；严重时呈癫痫样经挛，呼吸困难；最后因全身麻痹而站立不稳，昏迷而死	注意 Na^+、K^+ 和 Cl^- 之间的电解质平衡，否则会影响到对热应激的抗性、肾功能，并易患产热型症等

（续）

种类	生理功能	推荐量 生长兔	推荐量 泌乳兔	缺乏症、过量症	备注
镁	镁是构成骨骼和牙齿的成分，为骨骼正常发育所必需。作为多种酶的活化剂，在碳、蛋白质代谢中起重要作用。保证神经、肌肉的正常机能	0.03%	0.04%	镁不足，家兔生长停滞，食、神经、肌肉兴奋性提高，发生惊挛。每千克饲粮中含镁量低至5.6毫克时，会发生脱毛，耳朵苍白，被毛结构与光泽变差。过量的镁会通过尿排出，所以，多量添加镁很少导致严重的副作用	
钾（K）	在维持细胞内液渗透压、酸碱平衡和神经、肌肉兴奋中起重要作用，同时还参与糖的代谢。钾还可促进粗纤维的消化	0.8%	0.9%	缺钾时会发生严重的进行性肌肉不良等病理变化，包括肌肉无力，瘫痪和呼吸性酸中毒。钾过量时，采食量下降，肾炎发病率高	过量的钾离子会妨碍镁的吸收
硫（S）	硫的作用主要通过含硫有机物来实现，如含硫氨基酸合成体蛋白、被毛和多种激素。硫作为糖胶素参与碳水化合物代谢。硫作为黏多糖的成分参与胶原和结缔组织的作用。硫对毛、皮生长有重要的作用，因此长毛兔、獭兔对硫的需要具有特殊的意义	0.04%	—	缺乏时兔表现皮毛质量下降、粗毛率提高，皮张质量下降。毛兔产毛量下降	硫与钼呈颉颃

（续）

种类	生理功能	推荐量		缺乏症、过量症	备注
		生长兔	泌乳兔		
铁（Fe）	铁为形成血红蛋白和肌红蛋白所必需，是细胞色素类和多种氧化酶的成分	50（毫克/千克饲料）	50（毫克/千克饲料）	兔缺铁时发生低血红蛋白性贫血和其他不良现象。兔初生时机体就储有铁，一般断乳前不会患缺铁性贫血	
铜（Cu）	铜是多种氧化酶的组成成分，参与机体许多代谢过程。铜在造血、促进血红素的合成过程中起重要作用。此外，铜与骨骼的正常发育、繁殖和中枢神经系统机能密切相关，还参与毛中蛋白质的形成	10（毫克/千克饲料）	10（毫克/千克饲料）	缺乏时，会引起家兔贫血、生长发育受阻、骨骼发育异常，毛质粗硬，异嗜，运动失调和神经症状，腹泻及生产能力下降。高铜（100—400mg/kg）能够提高家兔的生长性能	高铜对环境造成负面影响
锌（Ze）	锌为体内多种酶的成分，其功能与呼吸有关，为骨骼正常生长和发育所必需，也是上皮组织形成和维持其正常机能所不可缺少的。锌对兔的繁殖有着重要的作用	50（毫克/千克饲料）	70（毫克/千克饲料）	缺乏时表现为掉毛、皮炎、体重减轻、食欲下降、嘴周围肿胀、下颌及颈部毛湿而无光泽、繁殖机能受阻、母兔拒配、不排卵，自发流产率增高，分娩过程出现大量出血，公兔睾丸和副性腺萎缩等。饲料中钙含量高时，极易出现锌的缺乏症	高锌与铜的相颉颃；新的锌来源以氧化锌为宜
锰（Mn）	参与骨骼基质中硫酸软骨素的形成，为骨骼正常发育所必需。锰与繁殖、神经系统及碳水化合物和脂肪代谢有关	8.5（毫克/千克饲料）	8.5（毫克/千克饲料）	缺乏时骨骼发育不正常、繁殖机能降低、表现为腿弯曲、骨脆、骨骼重量、密度、长度及灰分量减少。母兔表现为不易受胎或生产弱小的仔兔。过量时能抑制血红蛋白的形成，甚至还可能产生其他毒副作用	

（续）

种类	生理功能	推荐量		缺乏症、过量症	备注
		生长兔	泌乳兔		
钴（Co）	钴是维生素 B₁₂ 的组成成分，也是很多酶的成分。与蛋白质、碳水化合物代谢有关。家兔消化道微生物可利用无机钴合成维生素 B₁₂	0.25（毫克/千克饲料）	0.25（毫克/千克饲料）	很少患缺乏症	
碘（I）	碘是甲状腺素的组成部分，碘还参与机体几乎所有的物质代谢过程	0.2（毫克/千克饲料）	0.2（毫克/千克饲料）	缺碘时，家兔表现为甲状腺明显肿大。当饲粮中存在甲状腺肿物原时（如甘蓝、芜菁和油菜籽等），发病率会增加。母兔生产仔兔体弱或死胎，仔兔生长发育受阻或引起新生仔兔死亡率增高。碘过量引起碘中毒	使用海产盐，无需再补加碘源
硒（Se）	硒是机体内过氧化酶的成分，它参与组织中过氧化物的解毒作用	—	—	缺硒症状是肌肉营养不良，只能通过加入维生素 E 缓解和治疗，加入硒则无任何效果	

缺乏、过量症状。为减少对环境的污染，应避免饲粮中矿物质的过量。

7. 维生素的需要

兔体虽然对维生素[1]需要量不大，但不能缺乏；否则，会引起生产性能降低或某些疾病。

家兔可以通过肠道微生物、皮肤等合成维生素 K、B 族维生素、维生素 D 和维生素 C，一般不需要添加，但对集约化兔群要进行添加；对其他维生素，如维生素 A 和 E 则完全依赖于饲粮的供给。

各种维生素的生理功能、需要量、缺乏症及中毒症见表 6-5。

(二) 家兔常用饲料营养特点及利用

1. 蛋白质饲料

蛋白质饲料[2]是家兔饲料蛋白质的主要来源。因其价格较高，因此生产中要合理使用。

家兔常用的蛋白质饲料有以下几种。

▶ 大豆、豆饼、豆粕

(1) 大豆

营养特点：含粗蛋白质 35% 左右，赖氨酸含量 2% 以上，蛋氨酸含量低，脂肪含量 17%，能值高于玉米 (图 6-3)。

利用方法：煮熟或炒熟后利用。给哺乳母兔补饲。

注意事项：切勿生喂。

(2) 豆饼 (粕)

豆饼 (粕) 是家兔主要的蛋白质来源。

营养特点：粗蛋白质约 42%，赖氨酸、铁含量高，消化能 13.5 兆焦 / 千克。

利用方法：须经热处理或经颗粒机加工后使用，可占到家兔饲粮的 20% 左右。

[1]维生素是维持家兔正常生命活动过程中所必需的一类低分子有机化合物。维生素分为两类：脂溶性维生素和水溶性维生素。脂溶性维生素有维生素 A、维生素 D、维生素 E、维生素 K；水溶性维生素有维生素 B_1、维生素 B_2、维生素 PP、维生素 B_6、维生素 B_{12}、维生素 C、泛酸、叶酸和生物素等。

[2]凡粗蛋白质含量在 20% 以上的饲料称为蛋白质饲料。

表 6-5 维生素生理功能、推荐量及缺乏症、中毒症

种类	生理功能	机体可否合成	推荐量	缺乏症、中毒症	备注
维生素 A	防止夜盲症和干眼病，保证家兔正常生长，骨骼、牙齿正常发育，保护皮肤、消化道、呼吸道和生殖道上皮细胞的完整。增强兔体抗病能力	一	6 000～12 000 国际单位/千克饲料	缺乏易引起繁殖力下降（降低母兔的受胎率、产奶量、增加流产率和胎儿吸收率）、眼病和皮肤病。过量时易引起中毒反应	
维生素 D	对钙、磷代谢起重要作用	＋（皮肤）	900～1000 国际单位/千克饲料	缺乏引起生长家兔骨病（佝偻病）、成年家兔骨软化症和产后瘫痪。过量时可诱发钙质沉着症。日粮中添加高铜可以抑制沉着症的发生	
维生素 E（生育酚）	主要参与维持正常繁殖机能和肌肉的正常发育，在细胞内具有抗氧化作用	一	40～60 毫克/千克饲料	缺乏主要引起生长兔的肌肉萎缩症（营养不良）和繁殖性能下降及妊娠母兔流产和死胎增加，还可引起心肌损伤、渗出性素质、肝功能障碍、水肿、溃疡和无乳症等。过量易引起中毒	繁殖器官感染、炎症及患球虫病时，维生素E需求量增加

（续）

种类	生理功能	机体可否合成	推荐量	缺乏症、中毒症	备注
维生素 K	与凝血机制有关，是合成凝血素和其他血浆凝固因子所必需的物质。最新研究表明，也与骨钙素有关	＋（肠道微生物）	1～2 毫克/千克饲料	缺乏时导致生长兔出血、胚胎出血及流产。以及妊娠母兔胚盘出血及流产。肝型球虫病和某些含有双香豆素的饲料（如草木犀）能影响维生素 K 的吸收和利用	饲料中含有抗代谢药物（如霉变原料、氨丙啉）时，需增加维生素 K 的补充量
维生素 B₁（硫胺素）	是糖和脂肪代谢过程中某些酶的辅酶	＋（肠道微生物）	0.8～1.0 毫克/千克饲料	缺乏时典型症状为神经障碍，心血管损害和食欲缺乏，有时会出现轻微的共济失调和松弛性瘫痪等	
维生素 B₂（核黄素）	构成一些氧化还原酶的辅酶，参与各种物质代谢	＋（肠道微生物）	3～5 毫克/千克饲料	缺乏时表现在眼、皮肤和神经系统以及繁殖性能降低等	
泛酸	辅酶 A 的组成成分，辅酶 A 在碳水化合物、脂肪和蛋白质代谢过程中有着重要的作用	＋（肠道微生物）	20 毫克/千克饲料	缺乏时兔生长减缓、皮毛受损、神经紊乱、胃肠道紊乱、肾上腺功能受损和抗感染力下降，易发生皮肤和眼睛的疾病	

（续）

种类	生理功能	机体可否合成	推荐量	缺乏症、中毒症	备注
生物素（维生素 H）	参与体内许多代谢反应，包括蛋白质与碳水化合物的相互转化，以及碳水化合物与脂肪的相互转化	＋（肠道微生物）	0.2毫克/千克饲料	缺乏表现皮肤发炎、脱毛和继发性跛行等	饲喂含有抗生素类药物的饲料时，易出现缺乏症
维生素 B₅（烟酸、尼克酸）	与体内脂类、碳水化合物、蛋白质代谢有关。其作用是保护肠组织的完整性，特别是对皮肤、胃肠道和神经系统的组织完整性起到重要作用	＋（肠道微生物、组织内）	50～180毫克/千克饲料	缺乏时引起脱毛、皮炎、被毛粗糙、腹泻、食欲减退和溃疡性病损。缺乏时，会出现组织感染和肠道环境的恶化	饲粮中色氨酸可以转化为尼克酸
维生素 B₆（吡哆醇）	包括吡哆醇、吡哆醛和吡哆胺。参与有机体氨基酸、脂肪和碳水化合物的代谢。具有提高生长速度和加速血凝速度的作用，对球虫病的损伤有特殊的意义	＋（肠道微生物）	0.5～1.5毫克/千克饲料	吡哆醇缺乏导致生长迟缓、皮炎、惊厥、贫血、皮肤粗糙、脱毛、腹泻和脂肪肝等症状。还可导致眼和鼻周围发炎、耳周围的皮肤出现鳞状增厚、前肢脱毛和皮肤脱屑	

（续）

种类	生 理 功 能	机体可否合成	推 荐 量	缺 乏 症、中 毒 症	备注
胆碱	作为磷脂的一种成分来建造和维持细胞结构；在肝脏防止异常脂质的积累；生成肝中防止异常脂质的积累；生成能够传递神经冲动的乙酰胆碱；贡献不稳定的甲基，以生成蛋白氨酸、甜菜碱和其他代谢产物	在肝脏中合成	200 毫克/千克饲料	缺乏症表现为生长迟缓，脂肪肝和肝硬化，以及肾小管坏死，发生进行性肌肉营养不良	甜菜碱可以部分取代对胆碱的需要（甲基供体）
叶酸	与核酸代谢有关，对正常血细胞的生长有促进作用	+（肠道微生物）	生长育肥兔：0.1 毫克/千克饲料；母兔：1.5 毫克/千克饲料	缺乏时，血细胞的发育和成熟受到影响，发生贫血和血细胞减少症	母兔饲粮中额外补充 5 毫克的叶酸可以提高生产性能和多胎性

（续）

种类	生理功能	机体可否合成	推荐量	缺乏症、中毒症	备注
维生素 B$_{12}$（钴胺素、钴生素）	有增强蛋白质效率、促进幼小动物生长作用	＋（肠道微生物，合成与钴相关）	10 毫克/千克饲料	缺乏引起生长停滞、贫血、被毛蓬松、皮肤发炎、腹泻、后肢运动失调，对母兔受胎率、繁殖率及泌乳有影响	
维生素 C（抗坏血酸）	参与细胞间质的生成及体内氧化还原反应，参与胶原蛋白和肉碱的上午合成，刺激粒性白细胞的吞食活性。防止维生素 E 被氧化。具有抗热应激的作用	＋（肠道微生物）能够在肝脏中从 D-葡萄糖合成	50～100 毫克/千克饲料	缺乏引起坏血病、生长停滞、体重降低、关节变软、身体各部出血，导致贫血	添加维生素 C 须采用被包被形式，以免被氧化。尤其在潮湿条件下，以及与铜、铁和其他微量元素接触的情况下

＋：为可以合成。

图6-3 豆 粕

注意事项：含胰蛋白酶抑制因子、凝集素、胃肠胀气因子、植酸等抗营养因子，对蛋白质消化率、家兔健康和生产性能有不利影响，必须经过热处理（蒸、炒、煮）后，才可用来喂兔。经颗粒机加工后不需再热处理。注意鉴别有无掺假现象。

花生饼（粕）

营养特点：粗蛋白质含量约43%，品质低于大豆蛋白。精氨酸含量很高，铁含量较高。赖氨酸、蛋氨酸含量偏低（图6-4）。

利用方法：花生饼适口性极好，有香味。家兔喜食，可占到家兔饲料的20%左右。

注意事项：花生饼（粕）极易感染黄曲霉，产生黄曲霉毒素，引起家兔中毒。

图6-4 花生粕

蒸煮或干热均不能破坏黄曲霉毒素，霉变的花生饼（粕）千万不能饲用。

葵花饼（粕）

营养特点：脱壳的葵花饼（粕）中粗蛋白质含量约占41%，带壳的葵花饼（粕）中粗蛋白质含量约占30%。缺乏赖氨酸、苏氨酸（图6-5）。

利用方法：根据脱壳与否，确定添加量。

图 6-5　葵花饼

注意事项：注意鉴别有无掺假。

芝麻饼

营养特点：粗蛋白质含量约占40%，蛋氨酸含量是所有植物性饲料中最高的，精氨酸含量高的约占4.0%，色氨酸含量也较高，但赖氨酸含量低。钙含量远高于其他饼粕饲料。

利用方法：可占到家兔饲粮5%~12%。

注意事项：注意黄曲霉毒素含量。使用时要注意添补赖氨酸。

棉籽饼（粕）

营养特点：粗蛋白质含量约占34%；精氨酸含量是饼粕饲料中较高的，高达3.67%~4.14%；但赖氨酸、蛋氨酸含量较低，是维生素E和亚油酸的良好来源。

利用方法：需脱毒后才可使用。商品兔饲料中的用量为10%以下，种兔饲料中的用量不超过3%，且不宜长期饲喂。

注意事项：棉籽饼（粕）中抗营养因子有游离棉酚等。游离棉酚在兔体内排泄比较缓慢，有蓄积作用，对家兔的繁殖性能有严重毒害作用。应脱毒后利用。

玉米蛋白粉

是玉米除去淀粉、胚芽及外皮后剩余的产品（图6-6）。

图 6-6　玉米蛋白粉

营养特点：蛋白质含量41%以上和60%以上两种规格。蛋氨酸含量很高，精氨酸含量高，但赖氨酸和色氨酸含量严重不足。

利用方法：可占家兔饲粮

的 5% ~ 10%。

注意事项：注意补充赖氨酸。

▶ 绿豆蛋白粉

营养特点：粗蛋白质含量约 65%，但蛋氨酸、胱氨酸含量低。

利用方法：家兔饲粮中的比例一般为 5% ~ 10%。

注意事项：作饲料蛋白质来源时要添加蛋氨酸。

▶ 鱼粉

其中以全鱼粉品质最好，普通鱼粉次之，粗鱼粉最差。

营养特点：粗蛋白质含量 40% ~ 70%，蛋白质品质好，氨基酸含量高，比例平衡。磷、钙含量高且比例合适。铁、锌、硒、维生素 B_{12} 含量高。

利用方法：家兔饲粮中一般以占 1% ~ 5%为宜。

注意事项：选择品质好的产品。品质差的易导致兔群发生大肠杆菌瘤、沙门氏菌瘤等传染病。

▶ 饲料酵母

营养特点：粗蛋白质含量 47% ~ 60%。赖氨酸含量高，蛋氨酸含量低。维生素 B 族含量丰富。

利用方法：家兔饲粮一般以添加 2% ~ 5%为宜。

注意事项：饲料酵母可以促进盲肠微生物生长，防治兔胃肠道疾病，增进健康，改善饲料利用率，提高生产性能。但添加量过高会影响适口性。

2. 能量饲料

能量饲料[①]是配合饲料中家兔的主要能量来源。

营养特点：蛋白质含量低，品质差。某些必需氨基酸含量不足，特别是赖氨酸和蛋氨酸含量较少。矿物质含量磷多、钙少。B 族维生素和维生素 E 含量较多，但缺乏维生素 A、维生素 D。因此，能量饲料必须与含蛋白质丰富的饲料配合使用，同时注意补充钙和维生

①通常将粗纤维含量在 18%以下、粗蛋白质含量低于 20%的饲料称为能量饲料，包括谷类籽实、糠麸类等。

181

素A等。

玉米

被誉为"饲料之王",是家兔最常用、最重要的能量饲料（图6-7）。

图6-7 玉 米

营养特点：能量浓度在谷类饲料中列首位，达15兆焦/千克。蛋白含量仅为7%～9%，且品质差，赖氨酸、蛋氨酸、色氨酸含量低。

利用方法：家兔饲粮中玉米比例以20%～30%为宜。

注意事项：玉米适口性好、消化能高，是家兔配合饲料中重要的能量原料。但玉米比例过高，容易引起盲肠和结肠碳水化合物负荷过重及家兔腹泻，或诱发大肠杆菌病和魏氏梭菌病等。种用兔饲料能量过高时，还会导致肥胖，出现繁殖障碍。

高粱

营养特点：营养成分与玉米相似。蛋白质略高于玉米，但品质差。维生素中除泛酸含量高、利用率高外，其余维生素含量不高。高粱有预防腹泻的作用。

利用方法：家兔饲粮中比例以5%～15%为宜。

注意事项：高粱中主要抗营养因子是单宁，具有苦涩味，对家兔适口性、养分消化利用率均有不良影响。

大麦

大麦是皮大麦（普通大麦）和裸大麦的总称。

营养特点：粗蛋白含量为11%，赖氨酸、色氨酸、异亮氨酸等含量高于玉米。大麦是能量饲料中蛋白质品质较好的一种。

利用方法：家兔饲粮中比例以20%为宜。大麦可以生芽，麦芽是家兔缺青季节良好的维生素补充饲料。

注意事项：若发现大麦中畸形粒含量太多时，应慎重使用。

▶ 小麦

当小麦价格低于玉米时，可作为家兔的能量饲料。

营养特点：小麦适口性好，能值较高，仅次于玉米。粗蛋白质含量为13%，是谷类籽实中蛋白质含量较高者。含维生素B族和维生素E多。

利用方法：家兔饲粮中可添加到40%左右。

注意事项：注意霉变问题，是家兔良好的精饲料。

▶ 燕麦

营养特点：含粗蛋白质占5.8%、粗脂肪占4.0%、粗纤维占10.0%。蛋白质品质优于玉米。

利用方法：家兔饲粮中可占30%。

注意事项：注意防霉变。

▶ 麦麸

麦麸是小麦加工面粉后的副产品。

营养特点：消化能为11兆焦/千克，粗蛋白含量约15%，但品质差；富含B族维生素和维生素E。铁、

图6-8 小麦麸

锰、锌含量较高。钙、磷比例极不平衡，要注意补充钙和磷。

利用方法：小麦麸物理结构疏松，含有适量的粗纤维和硫酸盐类，有轻泻作用，对维持消化道正常生理功能具有重要的作用（图 6-8）。家兔饲粮中可占 10% ~ 30%。

注意事项：麸皮吸水性强，易结块、发霉、腐败，使用时应注意。

▶ 米糠和脱脂米糠

米糠的加工过程如下：

$$稻谷 \xrightarrow{\ 脱壳\ } 糙米 \xrightarrow{\ 精制\ } 精米$$
$$\downarrow \qquad\qquad\qquad \downarrow$$
$$谷壳（砻糠）\qquad\quad 米糠$$

营养特点：米糠消化能为 12.511 兆焦 / 千克、粗蛋白质为 13%、脂肪含量高达 16.5%，铁、锰含量丰富，富含 B 族维生素。脱脂米糠其他营养物质等均有所提高，而有效能值下降。

利用方法：可占家兔饲粮的 10% ~ 15%。

注意事项：米糠含脂肪较高，极易发生酸败。因此，一定要使用新鲜米糠喂兔。

3. 粗饲料[①]

营养特点：体积大，难消化的粗纤维多，可利用成分少。

家兔是严格的草食动物，粗饲料对维持家兔正常生理活动具有重要的作用，是配合饲料中必不可少的原料。目前，制约我国规模兔业健康发展的关键问题是优质粗饲料短缺。因此，草业产业化，是推动草食动物饲养的必然。

▶ 豆科青干草

营养特点：粗蛋白含量高，粗纤维含量较低，富含

①粗饲料是指干物质中粗纤维含量在 18% 以上的饲料。

钙与维生素，饲用价值高，可替代家兔配合饲料中豆饼等蛋白质饲料，以降低成本。

主要种类： 主要有苜蓿（图6-9）、红豆草、三叶草等。家兔配合饲料中苜蓿可占到40%~50%，甚至90%。

图6-9　苜蓿草捆

▶ 禾本科青干草

禾本科青干草来源广，数量大，适口性好，易干燥，不落叶。

营养特点： 粗蛋白含量低，钙含量少，胡萝卜素等维生素含量高。

利用特点： 禾本科草以地上部在孕穗-抽穗期收割为宜。禾本科草在家兔配合饲料中可占到30%~45%。

▶ 玉米秸秆

资源丰富、合理利用是降低养兔成本的重要措施之一（图6-10）。

营养特点： 含粗蛋白质4.2%、粗纤维35.8%、NDF78.41%、ADF47.48%。

利用方法： 可占到家兔饲粮的20%~30%。

注意事项： 保存方法稍有不当，极易感染霉菌。玉米秸秆容重小、膨松，为了保证制粒质量，可适当增加

图6-10　玉米秸秆

水分和添加 0.7%～1.0%膨润土。也可与苜蓿、豆秸等配合使用。

▶ 稻草

是我国南方地区家兔重要的粗饲料资源。

营养特点：含粗蛋白质 5.4%、粗纤维 33%。

利用方法：可占家兔饲粮的 10%～30%。

注意事项：稻草含量高的饲粮中应注意补钙。

▶ 麦秸

营养特点：麦秸是粗饲料中质量较差的，小麦秸秆见图 6-11。

图 6-11　小麦秸秆

利用方法：以麦秸、燕麦秸和荞麦秸营养价值稍高，且适口性好。在家兔饲粮中比例以 5%左右为宜，一般不超过 10%。

注意事项：长期饲喂容易引起家兔便秘，影响生产性能。

▶ 豆秸

有大豆秸秆（图 6-12）、绿豆秸秆等，是我国北方地区家兔重要的饲料资源。

营养特点：含粗蛋白质 4.24%、粗纤维 46.81%、NDF 76.93%、ADF57.31%。

图 6-12　大豆秸秆

利用方法：可占家兔饲粮的 35%。

注意事项：豆秸晒制过程稍经雨淋极易被霉菌污染。霉变的要弃去。注意含土量不能太高。

▶ 谷草

谷草是禾本科秸秆中较好的粗饲料，是我国杂粮产区（如山西、河北等省）家兔重要的粗饲料（图 6-13）。

营养特点：含粗蛋白质 3.96%、粗纤维 36.79%、NDF79.18%、ADF48.85%、钙 0.74%、磷 0.06%。

利用方法：谷草易贮藏，营养价值较高。家兔饲粮中可占 35% 左右。

注意事项：使用时应注意补充钙。单独作为粗饲料时，饲料颗粒化不佳，应与苜蓿、花生秧或花生壳一起使用，也可添加 2%～3% 糖蜜。

▶ 花生秧

目前花生秧是我国家兔生产中的主要粗饲料资源（图 6-14）。

图 6-13　谷　草

图6-14　花生秧

营养特点：含粗蛋白质4.6%～5.0%、粗纤维31.8%～34.4%，是家兔的优良粗饲料。

利用方法：晒制良好的花生秧应色绿、叶全，营养损失较少。在家兔饲粮中可占30%～45%。

注意事项：花生秧应在霜降前收获，注意晾晒，防止发霉。饲喂时要剔除其中的塑料薄膜。

甘薯藤

营养特点：含粗蛋白质6.4%、粗纤维26%。

利用方法：家兔饲粮中可加至35%～40%。

注意事项：甘薯藤水分含量高，晒制过程中要勤翻，防止腐烂变质。

花生壳

是目前我国家兔主要的粗饲料资源。

营养特点：含粗蛋白质6.07%、粗纤维61.82%、NDF86.07%、ADF73.79%。

利用方法：可占家兔饲粮的10%～15%或30%～40%。

注意事项：虽然花生壳粗纤维含量很高，但以其作为家兔的主要粗饲料，对于青年兔、空怀兔无不良影响，且兔群很少发生腹泻。注意防止发霉和混入塑料薄膜。

▶ 葵花籽壳

营养特点：含粗蛋白质 3.5%、粗纤维 22.1%，在秕壳类饲料中营养价值较高。

利用方法：家兔饲粮中可加至 10%～15%。

注意事项：注意霉菌污染问题。

▶ 玉米芯

营养特点：含粗蛋白质 4.6%，可消化能 1 674 千焦/千克，酸性洗涤纤维（ADF）49.6%，纤维素 45.6%和木质素 15.8%。

利用方法：家兔饲粮中可加至 10%～15%。

注意事项：粉碎时要消耗较多的能源。

▶ 醋糟

营养特点：醋的种类不同，醋糟营养成分差异很大（图 6-15）。笔者等（2012）测定山西陈醋糟（紫林）的营养成分是：水分占 70.35%，粗蛋白质占 10.39%，粗脂肪占 5.46%，粗灰分占 9.46%，粗纤维占 28.8%，中性洗涤纤维占 70.91%，酸性洗涤纤维占 53.79%，木质素占 2.47%，钙占 0.17%，磷占 0.08%。

利用方法：笔者（2013）在獭兔饲料中添加不同比例山西陈醋糟的饲养试验结果表明，生长獭兔饲料中添加 21%醋糟，对生长速度、饲料利用率和皮毛质量无不良影响。繁殖母兔饲料中以添加 10%醋糟为宜。

图 6-15 晒制的醋糟

利用注意事项：新鲜醋糟要及时烘干或干燥。因干燥不当而发生霉变的醋糟不能使用。

4. 青绿多汁饲料

青绿多汁饲料包括天然牧草、人工栽培牧草、青刈作物、蔬菜、树叶类和多汁饲料等。合理利用这类饲料可以降低饲料成本，补充家兔所需的维生素，对兔群健康有重要作用。

▶ 天然牧草

①天然牧草是指草地、山场及平原田间地头自然生长的野杂草类。

天然牧草①种类繁多，除少数几种有毒外，其他均可用来喂兔。可饲用的有猪秧秧、婆婆纳、一年蓬、荠菜、泽漆、繁缕、马齿苋、车前、早熟禾、狗尾草、马唐、蒲公英、苦菜、鳢肠、野苋菜、胡枝子、艾蒿、蕨菜、涩拉秧、霞草、苋菜、萹蓄等。其中有些具有药用价值，如蒲公英有催乳作用，马齿苋有止泻、抗球虫作用，青蒿有抗毒、抗球虫作用等。

▶ 不适合作家兔饲料的作物

海韭菜、欧洲蕨、褐色草、七叶树、牛蒡、蓖麻子、楝树、野芫荽、毛地黄、一枝黄花、毒芹、夏至草、曼陀罗、石茅高粱、飞燕草、月桂树、羽扇豆、牧豆树、马利筋、莴苣、橡树、夹竹桃、罂粟、草木樨和麻迪菊等。

▶ 人工牧草

②人工牧草是人工栽培的牧草。其特点是经过人工选育，产量高，营养价值高，质量好。

常见的人工牧草②种类、栽培方法及其利用方法如下。

（1）紫花苜蓿　被誉为"牧草之王"（图6-16）。我国西北、华北、东北、江淮流域等地均可栽培。为多年生豆科牧草，利用期6～7年。每公顷播种量为15~22.5千克。年可收鲜草3~4次，每公顷产3 000～8 000千克。目前比较优良的品种有金皇后、皇冠、牧歌、WL323等。苜蓿可鲜喂，也可晒制干草。鲜喂时要限量或与其他牧草种类（如菊苣等）混合饲喂，否则易引起兔膨胀病。晒制干草宜在 10%植株开花时收割。

图 6-16　紫花苜蓿（任克良）

（2）普那菊苣　育成于新西兰，1988 年由山西省农业科学院畜牧兽医研究所引进。菊科多年生牧草，适口性好（图 6-17）。适合温暖湿润地区水浇地栽培，每公顷播种量 5 250~11 250。年可收割 3~4 次，亩产鲜草 7 000~11 000 千克。利用适期为莲座叶丛期。笔者（1990）用普那菊苣饲喂肉兔的试验结果是，普那菊苣适口性好，采食率为 100%，日采食达 445.5 克，日增重达 20.13 克，整个试验期试验兔发育正常。此外，普那菊苣可利用期长，山西省太原地区 11 月上旬各种牧草均已枯萎，但普那菊苣仍为绿色。

图 6-17　普那菊苣（任克良）

（3）冬牧70黑麦 由美国引进，为一年生禾本科黑麦属草本植物（图6-18），是冬季早春缺青时家兔青饲料的重要来源。每亩播种量75~105千克，宜在9月中下旬播种。每公顷产鲜草75 000 ~ 105 000千克，籽粒为200~300千克。青刈黑麦草以孕穗初期最高，也可当苗长到60厘米时刈割，留茬5厘米，第二次刈割后不再生长。若收干草，则以抽穗始期为宜，每公顷可晒制干草6 000~7 500千克。

图6-18 黑麦草（任克良）

其他牧草有三叶草、百脉根、聚合草等（图6-19、图6-20、图6-21、图6-22）。

▶ 青刈作物

青刈是把农作物（如玉米、草高粱、豆类、麦类等）

图6-19 白三叶（任克良）　　　图6-20 红三叶（任克良）

图 6-21　百脉根（任克良）

图 6-22　聚合草（任克良）

进行密植，在籽实成熟前收割用来喂兔。青刈玉米营养
丰富，茎叶多汁，有甜味，一般在拔节 2 个左右时收割。
青刈大麦可作为早春缺青时良好的维生素补充饲料。

蔬菜类

在冬春缺青季节，一些叶类蔬菜可作为家兔的补充
饲料，如白菜、油菜、蕹菜、牛皮菜、甘蓝（圆白菜）、
菠菜等。它们含水分高，含有丰富的维生素，具有清火
通便作用。但这类饲料易腐败变质，堆积
发热后硝酸盐被还原成亚硝酸盐，引起家
兔中毒。饲喂甘蓝（圆白菜）时粪便有呈
两头尖，相互粘连现象。有些蔬菜，如菠
菜等含草酸盐较多，影响钙的吸收和利
用，利用时应限量饲喂。饲喂蔬菜时应先
将其阴干，饲喂量应由少渐多。

树叶类

树叶既可晒干粉碎后利用，又可鲜
喂。有些鲜绿树叶还是优良的蛋白质和维
生素饲料来源，不少树叶的营养价值比豆
科牧草还要高。常见的有紫穗槐等。

紫穗槐属落叶灌木（图 6-23）。含粗
蛋白质 23.1%、粗纤维 18.1%、钙 1.93%、

图 6-23　紫穗槐（任克良）

193

磷 0.34%，胡萝卜素含量为 270 毫克 / 千克。在家兔配合饲料中可代替部分植物蛋白源和部分维生素。紫穗槐有一种不良气味，家兔不喜吃。因此，使用时需加入一定的调味剂，添加比例逐渐增加。紫穗槐可占家兔饲粮的 10% 左右。

▶ 杂交构树

构树又名谷浆树，古名楮，是桑科构树属落叶乔木（图 6-24）。树皮为造纸原料。

图 6-24　构树

营养特点：含粗蛋白质 33.27%、粗纤维 8.1%、粗灰分 9.6%、粗脂肪 3.3%、钙 1.53%、磷 0.6%。家兔饲料中添加量以 15%~20% 为宜。

▶ 多汁饲料

常用的有胡萝卜、白萝卜、甘薯、马铃薯、木薯、菊芋、南瓜、西葫芦等。

营养特点：水分含量高，干物质含量低，消化能低。多数富含胡萝卜素。适口性好，具有轻泻和促乳作用，是冬季和初春缺青季节家兔的必备饲料，其中以胡萝卜质量最好。

注意事项：

①该类饲料水分含量高，多具寒性，饲喂过多（尤其是仔、幼兔）易引起肠道过敏，发生粪便变软，甚至

腹泻。一般以日喂 50～300 克为宜。哺乳母兔饲喂量可达 500 克/天。

（2）饲喂时应洗净、晾干，然后擦成丝喂给。这样可以减少浪费，控制好饲喂量（图 6-25、图6-26）。

图 6-25　栽培的胡萝卜

图 6-26　萝卜切丝机

（3）贮藏不当极易发芽、发霉、染病、受冻，喂前应做必要的处理或丢弃。

5. 矿物质饲料

家兔饲料中的各种原料虽然含有一定量的矿物质元素，但远远不能满足家兔生长、繁殖和兔皮、兔毛生产的需要，必须按一定比例额外添加矿物质饲料[①]。

> **食盐**

钠和氯是家兔必需的无机物，而植物性饲料中钠、氯含量都少。食盐是补充钠、氯最简单、价廉和有效的添加源。另外，食盐还可以改善口味，提高家兔的食欲。

食盐中含氯 60%、钠 39%，碘化食盐中还含有 0.007% 的碘。一般添加量 0.3%～0.5%。

添加方法：可直接加入配合饲料中。要求食盐有较细的粒度，应百分百通过 30 目筛。

注意事项：使用含盐量高的鱼粉、酱渣时，要适当减少食盐添加量，防止食盐中毒。

①以提供矿物质元素为目的的饲料叫矿物质饲料。

> ▶ **钙补充料**

（1）碳酸钙（石灰石粉）　俗称钙粉，呈白色粉末，主要成分是碳酸钙，含钙量不低于33%，一般为38%左右，是补充钙质营养最廉价的矿物质饲料。

注意事项：有毒元素（重金属、砷等）含量高的不能用作饲料级石粉。一般来说，碳酸钙颗粒越细吸收越好。

（2）贝壳粉　是牡蛎等去肉后的外壳经粉碎而成的产品。优质贝壳粉含钙高达36%，杂质少，呈灰白色，杂菌污染少。

注意事项：贝壳粉常掺有沙砾、铁丝、塑料品等杂物，使用时要注意。

（3）蛋壳粉　是蛋加工厂的废弃物，包括蛋壳、蛋膜、蛋白等混合物，经干燥粉碎而得，含钙29%~37%、磷0.02%~0.15%。

注意事项：自制蛋壳粉时应注意消毒，在烘干时最后产品温度应达82℃，以保证消毒效果，以免蛋白腐败，甚至传染疾病。

（4）乳酸钙　为无色无味的粉末，易潮解，含钙13%，吸收率较其他钙源高。

（5）葡萄糖酸钙　为白色结晶或粒状粉末，无臭无味，含钙8.5%，消化利用率高。

> ▶ **磷补充料**

该类饲料多属于磷酸盐类。见表6-6。

表6-6　几种磷补充料的成分

饲料名称	磷（%）	钙（%）	钠（%）	氟（毫克/千克）
磷酸氢二钠	21.81	—	32.38	—
磷酸氢钠	25.80	—	19.15	—
磷酸氢钙（商业用）	18.97	24.32	—	816.67

所有含磷饲料必须脱氟后才能使用，因为天然矿石中均含有较高的氟，一般高达 3% ~ 4%。饲料中允许含氟量 0.1% ~ 0.2%，过高容易引起家兔中毒。

钙磷补充料

（1）骨粉　骨粉[1]一般含钙 24% ~ 30%、磷 10% ~ 15%，钙、磷比例平衡，大体为 2：1，利用率高，是家兔最佳的钙、磷补充料。

注意事项：骨粉若加工时未灭菌，常携带大量细菌，易发霉结块，产生异臭，使用时必须注意。

（2）磷酸氢钙　又叫磷酸二钙，为白色或灰白色粉末，含钙不低于 23%，磷不低于 18%。磷酸氢钙的钙、磷利用率高，是优质的钙、磷补充料，目前家兔饲粮中广泛应用。

（3）磷酸一钙　又名磷酸、二氢钙，为白色结晶粉末，含钙不低于 15%，磷不低于 22%。

（4）磷酸三钙　为白色无臭粉末，含钙 32%、磷 18%。

注意事项：钙磷补充料种类多，在确定选用或选购具体种类的钙、磷补充料时，应考虑：①纯度；②有害物含量（氟、砷、铅）；③细菌污染与否；④物理形态（如细度等）；⑤钙、磷利用率和价格。应以单位可利用量的单价最低为选用选购原则。

其他矿物质元素补充料

其他矿物质元素补充料见表 6-7。

养兔大型企业可自行配制微量元素添加剂，养兔户可直接购买市售的微量元素添加剂。

6.添加剂

家兔饲料中添加剂[2]的用量极少，但作用极大；不仅可以提高兔产品的数量和质量，预防常见多发病的发生，也是合理利用我国饲料资源的需要。

[1]以家畜骨骼为原料，一般在蒸汽高压下蒸煮灭菌后，再粉碎而制成的产品。根据加工方法不同，可分为蒸骨粉、生骨粉、脱胶骨粉等，以脱胶骨粉最佳，蒸骨粉次之，生骨粉较差。

[2]添加剂是为了满足动物特殊需要而加入饲料中的少量或微量营养性或非营养性物质。具体地说，饲料中加入添加剂是用于补充饲料营养成分不足，防止和延缓饲料品质的劣化，提高饲料的适口性和利用率，预防或治疗病原微生物引起兔的疾病，以使家兔正常发育和加速生长，改善兔产品的产量和质量，或定向生产兔产品等。

表6-7　矿物质元素补充料种类及使用注意事项

名称	种　类	常用的种类	使用注意事项
铁补充料	硫酸亚铁、硫酸铁、碳酸亚铁、氯化亚铁、柠檬酸铁、葡萄糖酸铁、富马酸铁、DL-苏氨酸铁、蛋氨酸铁等	硫酸亚铁、有机铁	一水硫酸亚铁不易吸潮，加工性能好，与其他成分的配伍性好 有机铁利用率高、毒性低，但价格昂贵
铜补充料	硫酸铜、氧化铜、碳酸铜、碱式碳酸铜等	五水硫酸铜、一水硫酸铜、氧化铜	一水硫酸铜克服了五水硫酸铜易潮解、结块的缺点，使用方便 氧化铜对饲料中其他营养成分破坏较小，加工方便，使用普遍
锌补充料	硫酸锌、碳酸锌、氧化锌、氯化锌、醋酸锌、乳酸锌等及锌与蛋氨酸、色氨酸的络合物等	一水硫酸锌氧化锌碳酸锌	据报道，若以氧化锌生物学价值为100%，那么碳酸锌为102.66%、硫酸锌为103.65%，以硫酸锌为最高
锰补充料	硫酸锰、碳酸锰、氧化锰、氯化锰、磷酸锰、柠檬酸锰、醋酸锰、葡萄糖酸锰等	一水硫酸锰；硫酸锰；碳酸锰和氧化锰	硫酸锰对皮肤、眼睛及呼吸道黏膜有损伤作用，故加工、使用时，应戴防护用具 氧化锰化学性质稳定，相对价格低，含锰77.4%，有取代硫酸锰的趋势
碘补充料	碘化钾、碘化钠、碘酸钾、乙二胺二氢碘化物	碘酸钾、碘酸钙	
硒补充料	亚硒酸钠、硒酸钠及有机硒（如蛋氨酸硒）	亚硒酸钠和硒酸钠	两种均为剧毒物质，操作人员必须戴防护用具，严格避免接触皮肤或吸入粉尘。加入饲料中应注意用量和均匀度，以防动物中毒
钴补充抖	碳酸钴、硫酸钴、氯化钴等	碳酸钴、一水硫酸钴、氯化钴	氯化钴一般为粉红色或紫红色结晶粉末，含钴45.3%，是应用最广泛的钴添加物
镁补充料	硫酸镁、氧化镁、碳酸镁、醋酸镁和柠檬酸镁	氧化镁	硫酸镁因具有轻泻作用，用量应受限制。氧化镁为白色或灰黄色细粒状，稍具潮解性，暴露于水气下易结块
硫补充物	蛋氨酸、硫酸盐（硫酸钾、硫酸钠、硫酸钙等）	蛋氨酸	蛋氨酸中硫的利用率很高

添加剂的种类很多，常用的有以下几种。

微量元素添加剂

微量元素添加剂又称生长素，是应用较多并且十分普遍的添加剂。

（1）兔宝系列添加剂　山西省农业科学院畜牧兽医研究所养兔研究室科研人员，针对广大养兔户幼兔死亡率高、生长缓慢、养兔经济效益差等情况，在经过 3 年多项试验的基础上，研制成功了兔用添加剂——兔宝Ⅰ号，之后又相继开发出兔宝Ⅱ号、Ⅲ号和Ⅳ号兔宝系列添加剂。现将兔宝Ⅰ号试验结果介绍如下。

兔宝Ⅰ号的试验进行 2 次，均在山西省农业科学院畜牧兽医研究所试验兔场进行。试验一：用 35 日龄新西兰白兔和丹麦白兔 60 只；试验二：用 40 日龄新西兰白兔和丹麦白兔 84 只。两次试验均设试验组和对照组，试验组饲粮中添加兔宝Ⅰ号，对照组不添加。两次试验结果见表 6-8。

表 6-8　兔宝Ⅰ号添加剂对生长兔生产性能的影响

组　别		只　数	始重（克）	末重（克）	平均日增重（克）	平均日采食量（克）	料重比
试验 1	对照	28	600.7	957.7	17.0	96	5.9
	试验	28	593.0	1 025.7	20.7	98	5.1
	对照	40	710.4	1 430.1	25.6	81	3.21
	试验	40	707.3	1 586.0	31.3	90	2.99

		软　便		腹　泻		死　亡	
		头数	%	头数	%	头数	%
二组平均	试验	10	13.8	13	18.1	2	2.8
	对照	13	18.3	23	31.9	4	5.6
	差值	−3	−4.5	−10	−13.8	−2	−2.8

结论：①使用兔宝 I 号时兔日增重提高达 22.3%，差异极显著；②饲料利用率提高；③试验组腹泻发病率、死亡率下降。软便率、腹泻率、死亡率分别下降了 4.5、13.8 和 2.8 个百分点。

试验结束后，经对胴体的水分、粗蛋白质、粗脂肪、粗灰分，以及钙、磷、钾、氟、铜、锌和重金属铅、镉的含量测定，结果表明，兔宝 I 号对胴体营养成分和微量元素含量无明显影响。

兔宝 I 号在试区 50 万头份的试验反馈结果表明，能有效预防兔腹泻、兔球虫病，幼兔成活率一般可提高 20%～50%。可减少饲料消耗，提高增重速度，经济效益十分可观。

兔宝 II 号适用于青年兔、种兔群。兔宝 III 号适用于产毛兔，可使产毛量提高 18%；兔宝 IV 号适用于獭兔，能提高日增重和毛皮质量，降低常见病的发生。

（2）兔用矿物质添加剂

①目前使用的兔矿物质添加剂配方是：硫酸亚铁 5 克，硫酸铝、氯化钴各 1 克，硫酸镁、硫酸铜各 15 克，硫酸锰、硫酸锌各 20 克，硼砂、碘化钾各 1 克，干酵母 60 克，土霉素 20 克，将上述物质混匀（碘化钾最后混合），再取 10 千克骨粉或贝壳粉、蛋壳粉充分混合，装于塑料袋内保存备用。使用时按 1%～2%配入精饲料中饲喂。

②兔用微量元素和维生素预混料配方见表 6-9，该预混料的添加量为配合饲料的 1%。

表 6-9 兔用微量元素和维生素预混料配方

（每千克预混剂中含量）

成　分	含　量	成　分	含　量
维生素 A（国际单位）	500 000	铁（毫克）	1 500
维生素 D₃（国际单位）	150 000	锰（毫克）	3 000
维生素 E（毫克）	4 000	铜（毫克）	200

（续）

成　分	含　量	成　分	含　量
维生素 B_1（毫克）	3	钴（毫克）	200
氯化胆碱（毫克）	50 000	锌（毫克）	1 000
尼克酸（毫克）	1 500	碘（毫克）	200
维生素 C（毫克）	5 000		

③Cheeke 推荐的兔用矿物质－维生素预混料配方，见表 6-10。

表 6-10　兔用矿物质-维生素预混料配方

成　分	含　量	成　分	含　量
磷酸钙（%）	70	硫酸钴（%）	0.065
碳酸镁（%）	13.8	硫酸锰（%）	0.035
碳酸钙（%）	7.7	碘化钾（%）	0.005
氯化钠（%）	7.7	维生素 A（国际单位/千克）	1 000
氯化铁（%）	0.535	维生素 D（国际单位/千克）	100
硫酸锌（%）	0.1	维生素 E（毫克/千克）	5

④英国 Jenny Lang《商品兔营养》综述中介绍的全价配合饲粮中推荐矿物质水平，见表 6-11。

表 6-11　全价配合饲料推荐矿物质水平（风干基础）

12 周龄前			12 周龄前		
矿物元素	生长兔	泌乳兔	矿物元素	生长兔	泌乳兔
钙（%）	0.8	1.1	氯化物（%）	0.4	—
磷（%）	0.5	0.8	锌（毫克/千克）	50	
钾（%）	0.8	0.9	铜（毫克/千克）	5	
镁（%）	0.4	—	钴（毫克/千克）	1	
钠（%）	0.4				

▶ 氨基酸添加剂

（1）蛋氨酸　主要有 DL 蛋氨酸和 DL 蛋氨酸羟基类似物（MHA）及其钙盐（MHA-Ca），以及蛋氨酸金属络合物，如蛋氨酸锌、蛋氨酸锰、蛋氨酸铜等。

DL 蛋氨酸为白色至淡黄色结晶或结晶性粉末，易溶于水，有光泽，有特异性臭味。一般饲料用纯品要求含量在 98.5% 以上。近些年，还有部分 DL 蛋氨酸钠（DL-MetNa）应用于饲料。

家兔饲粮中缺乏鱼粉等动物性蛋白质饲料时，要注意补充蛋氨酸添加剂。一般添加量为 0.05%~0.3%。

（2）赖氨酸　主要有 L 赖氨酸和 DL 赖氨酸。因家兔只能利用 L 赖氨酸，所以 DL 赖氨酸产品应标明 L 赖氨酸含量保证值。

商品饲用级赖氨酸纯度为 98.5% 以上的 L 赖氨酸盐酸盐，相当于含赖氨酸（有效成分）78.8% 以上，为白色至淡黄色颗粒状粉末，稍有异味，易溶于水（图 6-27）。

植物性饲料（除豆饼外）中赖氨酸含量低，特别是玉米、大麦、小麦中甚缺，且麦类中的赖氨酸利用率低。鱼粉中赖氨酸含量高，肉骨粉中的赖氨酸含量低、利用率低。

一般饲料中添加 L 赖氨酸量为 0.05%~0.2%。

图 6-27　赖氨酸

（3）色氨酸　有 DL 色氨酸和 L 色氨酸，均为无色至微黄色晶体，有特异性气味。

色氨酸具有促进 γ 球蛋白的产生、抗应激、增强兔体抗病力等作用。

(4) 苏氨酸 有 L 苏氨酸，为无色至微黄色结晶性粉末，有极弱的特异性气味。一般饲粮中添加量为 0.03% 左右。

其他添加剂

家兔常用的添加剂有抗球虫药、益生菌、益生素，还有维生素、酶制剂、驱虫保健剂、中草药、调味剂、防霉防腐剂、饲料抗氧化剂、黏合剂和除臭剂等

(1) 抗球虫药 球虫病是影响养兔业最主要的疾病之一。肠道和肝脏球虫病可以引起兔腹泻和死亡。兔业生产中抗球虫药常常用作预防性治疗，以减少球虫病带来的损失。家兔笼养，加之使用预防用药，从而在现代兔业生产中使球虫病的发生减少易于管理的水平。

家兔抗球虫病药物很多，我国兽药名录中仅有地克珠利一种抗球虫药。表 6-12 中介绍欧盟允许使用的用于家兔的抗球虫病药物。

表 6-12 抗球虫药

名称	每吨饲料中用量（克）	欧盟注册状况	停药期（天）	备注
氯苯胍	50～66	所有种类的家兔	5	控制肝球虫效果差
地克珠利	20～25	生长育肥兔	5	
盐霉素	1	所有种类的家兔	1	超过推荐剂量会出现采食量下降

此外，二氯二甲吡啶酚和二氯二甲吡啶酚与奈喹酯的复合制剂对球虫病有效。有些成功地用于家禽的离子载体对家兔却有毒，如甲基盐酸盐、莫能菌素，要禁止使用。

抗球虫病疫苗在肉鸡中被广泛使用。国家兔产业技

术体系立项对家兔球虫疫苗进行研发，取得可喜的进展，相信在不久的将来会用于家兔生产中。

（2）益生菌和益生素　益生菌是含有活的或者能重新成活的有益微生物添加剂。这些添加物能在肠道中定植，有利于维持肠道菌群平衡。使用有益菌的目的是建立起抑制病原体的肠道屏障。益生菌的作用机理尚未弄清楚，但可能包括几个方面：①减少毒素的产生；②刺激宿主酶的产生；③产生某些维生素或抗菌物质；④上皮细胞黏附的竞争和抗细菌定植；⑤刺激宿主的免疫系统。目前，有许多公司开发出各自的益生菌添加剂如蜡样芽孢杆菌变种 toyoi 和酿酒酵母 NCYCsc47 正式在欧盟注册用于家兔。

益生素是指能够选择性地刺激可能有益于家兔健康的某些肠道细菌，市场上主要有聚果糖 –、α – 半乳糖 –、转半乳糖 –、甘露聚糖 –、木糖 – 等的低聚糖。益生素优于益生菌的好处是对于饲料加工的热处理和对于胃酸都不产生问题。益生素能够选择性地刺激盲肠微生物中的有益细菌。饲粮中添加某些低聚多糖能够提高家兔盲肠中的挥发性脂肪酸浓度，降低盲肠中氨的浓度。据报道（任克良，1998）饲粮中添加低聚果糖可以有效降低兔群腹泻发病率。

（三）配合饲料

随着我国规模兔业生产的发展，配合饲料①的使用越来越普遍。

1. 配方设计

▶ **配方设计应考虑的因素**

（1）使用对象　应考虑配方使用的对象，家兔生理阶段（仔兔、幼兔、青年兔、公兔、空怀、妊娠、哺乳）等不同生理阶段的家兔对营养需求量不同。

①配合饲料就是根据家兔的营养需要量，选择适宜的不同饲料原料，配制满足家兔营养需要量的混合饲料。

（2）营养需要量　设计时可参考国内外家兔相关饲养标准。

（3）饲料原料成分与价格　选用时，以来源稳定、质量稳定的原料为佳。原料营养成分受品种、气候、贮藏等因素影响，计算时最好参照营养成分实测结果，不能实测时可参考国内、国外营养成分表。力求使用质好、本地区来源广的原料，这样可降低运输费用，以求最终降低饲料成本。

（4）生产过程中饲料成分的变化　配合饲料的生产加工过程对于营养成分有一定影响的，设计时应适当提高其添加量。

（5）注意饲料的品质和适口性　配制饲粮中不仅要满足家兔的营养需要，还应考虑饲粮的品质和适口性。饲粮适口性直接影响家兔的采食量。

（6）一般原料用量的大致比例　根据家兔养殖生产实践，常用原料的大致比例见表 6-13。

表 6-13　家兔饲粮中一般原料用量的大致比例及注意事项

种　类	饲料种类	比　例	注意事项
粗饲料	干草、秸秆、树叶、糟粕、蔓类等	20%～50%	几种粗饲料搭配使用
能量饲料	玉米、大麦、小麦、麸皮等谷实类及糠麸类	25%～35%	玉米比例不宜过高
植物性蛋白质饲料	豆饼、葵花饼、花生饼等	5%～20%	注意防止花生饼感染霉菌
动物性蛋白质饲料	鱼粉	0～5%	禁止使用劣质鱼粉
钙、磷类饲料	骨粉、磷酸氢钙、石粉、贝壳粉	1%～3%	要注意骨粉质量
添加剂	矿物质、维生素、药物添加剂等	0.5%～1.5%	严禁使用国家明令禁止的违禁药物
限制性原料	棉籽饼、菜籽饼等有毒饼粕	<5%	种兔饲料中尽量不用有毒饼粕

①家兔饲养标准，也叫营养需要量。它是通过长期试验研究，给不同品种、不同生理状态下、不同生产目的和生产水平的家兔，科学地规定出每只应当喂给的能量及各种营养物质的数量和比例，这种按家兔不同情况规定的营养指标，称为饲养标准。

2. 饲养标准

饲养标准①是设计饲料配方的依据，包括能量、蛋白质、氨基酸、粗纤维、矿物质、维生素等指标的需要量，并且通常以每千克饲粮的含量和百分比数表示。

▶ 使用家兔饲养标准应注意的问题

（1）因地制宜，灵活应用。

（2）应用饲养标准时，必须与实际饲养效果相结合。根据使用效果进行适当调整，以求饲养标准更接近于准确。

（3）饲养标准本身不是一个永恒不变的指标，它是随着科学研究的深入和生产水平的提高，不断地进行修订、充实和完善的。

▶ 国内外饲养标准

国外对家兔营养需要量研究较多的国家有法国、德国、西班牙、匈牙利、美国和前苏联。我国进入20世纪80年代后才开始研究毛兔和肉兔的营养需要量。现将我国及世界养兔研究较先进国家及著名学者提出的家兔饲养标准介绍如下。

（1）第九届世界家兔科学大会上 Lebas F. 先生推荐的肉兔营养需要量　见表6-14。

表6-14　肉兔饲养的营养推荐值

生产阶段或类型 没有特别说明时，单位是克/千克即食饲料（90%干物质）		生长兔		繁殖兔		单一饲料
		18～42天	42～75，80天	集约化	半集约化	
1组：对最高生产性能的推荐量						
消化能	（千卡/千克）	2 400	2 600	2 700	2 600	2 400
	兆焦/千克	9.5	10.5	11.0	10.5	9.5
粗蛋白		15.0～16.0	16.0～17.0	18.0～19.0	17～17.5	16.0
可消化蛋白（%）		110.0～12.0	12.0～13.0	13.0～14.0	12.0～13.0	11.0～12.5
可消化蛋白/可消化能比例	（克/1 000千卡）	45	48	53～54	51～53	48
	（克/1兆焦）	10.7	11.5	12.7～13.0	12.0～12.7	11.5～12.0

（续）

生产阶段或类型 没有特别说明时，单位是克/千克即食饲料（90％干物质）	生长兔		繁殖兔		单一饲料
	18～42 天	42～75，80 天	集约化	半集约化	
脂肪（％）	20～25	25～40	40～50	30～40	20～30
氨基酸（％） 　赖氨酸	0.75	0.80	0.85	0.82	0.80
含硫氨基酸（蛋氨酸＋胱氨酸）	0.55	0.60	0.62	0.60	0.60
苏氨酸	0.56	0.58	0.70	0.70	0.60
色氨酸	0.12	0.14	0.15	0.15	0.14
精氨酸	0.80	0.90	0.80	0.80	0.80
矿物质 　钙（％）	0.70	0.80	0.12	0.12	0.11
磷（％）	0.40	0.45	0.60	0.60	0.50
钠（％）	0.22	0.22	0.25	0.25	0.22
钾（％）	＜1.5	＜2.0	＜1.8	＜1.8	＜1.8
氯（％）	0.28	0.28	0.35	0.35	0.30
镁（％）	0.30	0.30	0.40	0.30	0.30
硫（％）	0.25	0.25	0.25	0.25	0.25
铁（毫克/千克）	50	50	100	100	80
铜（毫克/千克）	6	6	10	10	10
锌（毫克/千克）	25	25	50	50	40
锰（毫克/千克）	8	8	12	12	10
脂溶性维生素 　维生素 A（国际单位/千克）	6 000	6 000	10 000	10 000	10 000
维生素 D（国际单位/千克）	1 000	1 000	1 000 （＜1 500）	1 000 （＜1 500）	1 000 （＜1 500）
维生素 E（毫米/千克）	≥30	≥30	≥50	≥50	≥50
维生素 K（毫米/千克）	1	1	2	2	2

（续）

生产阶段或类型 没有特别说明时，单位是克/ 千克即食饲料（90％干物质）	生长兔		繁殖兔		单一 饲料
	18～42 天	42～75， 80 天	集约化	半集约化	

2 组：保持家兔最佳健康水平的推荐量

生产阶段或类型	18～42 天	42～75，80 天	集约化	半集约化	单一饲料
木质纤维素（ADF）（％）	≥19.0	≥17.0	≥13.5	≥15.0	≥16.0
木质素（ADL）（％）	≥5.50	≥5.00	≥3.00	≥3.00	≥5.00
纤维素（ADF-ADL）（％）	≥13.0	≥11.0	≥9.00	≥9.00	≥11.0
木质素/纤维素比例	≥0.40	≥0.40	≥0.35	≥0.40	≥0.40
NDF（中性洗涤纤维）（％）	≥32.0	≥31.0	≥30.0	≥31.5	≥31.0
半纤维素（NDF-ADF）	≥12.0	≥10.0	≥8.5	≥9.0	≥10.0
（半纤维素＋果胶）/ADF 比例	≤1.3	≤1.3	≤1.3	≤1.3	≤1.3
淀粉（％）	≤14.0	≤20.0	≤20.0	≤20.0	≤16.0
水溶性维生素 维生素 C（毫克/千克）	250	250	200	200	200
维生素 B_1（毫克/千克）	2	2	2	2	2
维生素 B_2（毫克/千克）	6	6	6	6	6
尼克酸（毫克/千克）	50	50	40	40	40
泛酸（毫克/千克）	20	20	20	20	20
维生素 B_6（毫克/千克）	2	2	2	2	2
叶酸（毫克/千克）	5	5	5	5	5
维生素 B_{12}（毫克/千克）	0.01	0.01	0.01	0.01	0.01
胆碱（毫克/千克）	200	200	100	100	100

注：① 对于母兔，半集约化生产表示平均每年生产断奶仔兔 40～50 只，集约化生产代表更高的生产水平（每年每只母兔生产断奶仔兔大于 50 只）。② 单一饲料推荐量表示可应用于所有兔场中兔的日粮，其配制考虑了不同种类兔子的需要量。

（2）山东农业大学李福昌等推荐的肉兔饲养标准　见表6-15。

表6-15　山东农业大学李福昌等推荐的肉兔饲养标准

指　　标	生长肉兔		妊娠母兔	泌乳母兔	空怀母兔	种公兔
	断奶至2月龄	2月龄至出栏				
消化能（兆焦/千克）	10.5	10.5	10.5	10.8	10.2	10.5
粗蛋白（%）	16.0	16.0	16.5	17.5	16.0	16.0
总赖氨酸（%）	0.85	0.75	0.8	0.85	0.7	0.7
总含硫氨基酸（%）	0.60	0.55	0.60	0.65	0.55	0.55
精氨酸（%）	0.80	0.80	0.80	0.90	0.80	0.80
粗纤维（%）	≥16.0	≥16.0	≥15.0	≥15.0	≥15.0	≥15.0
中性洗涤纤维（NDF，%）	30.0～33.0	27.0～30.0	27.0～30.0	27.0～30.0	30.0～33.0	30.0～33.0
酸性洗涤纤维（ADF，%）	19.0～22.0	16.0～19.0	16.0～19.0	16.0～19.0	19.0～22.0	19.0～22.0
酸性洗涤木质素（ADL，%）	5.5	5.5	5.0	5.0	5.5	5.5
淀粉（%）	≤14	≤20	≤20	≤20	≤16	≤16
粗脂肪（%）	2.0	3.5	3.0	3.0	3.0	3.0
钙（%）	0.60	0.60	1.0	1.1	0.60	0.60
磷（%）	0.40	0.40	0.50	0.50	0.40	0.40
钠（%）	0.22	0.22	0.22	0.22	0.22	0.22
氯（%）	0.25	0.25	0.25	0.25	0.25	0.25
钾（%）	0.80	0.80	0.80	0.80	0.80	0.80
镁（%）	0.3	0.3	0.4	0.4	0.4	0.4
铜（毫克/千克）	10.0	10.0	20.0	20.0	20.0	20.0
锌（毫克/千克）	50.0	50.0	60.0	60.0	60.0	60.0
铁（毫克/千克）	50.0	50.0	100.0	100.0	70.0	70.0

（续）

指　标	生长肉兔		妊娠母兔	泌乳母兔	空怀母兔	种公兔
	断奶至2月龄	2月龄至出栏				
锰（毫克/千克）	8.0	8.0	10.0	10.0	10.0	10.0
硒（毫克/千克）	0.05	0.05	0.1	0.1	0.05	0.05
碘（毫克/千克）	1.0	1.0	1.1	1.1	1.0	1.0
钴（毫克/千克）	0.25	0.25	0.25	0.25	0.25	0.25
维生素 A（国际单位/千克）	12 000	12 000	12 000	12 000	10 000	12 000
维生素 E（毫克/千克）	50.0	50.0	100.0	100.0	100.0	100.0
维生素 D（国际单位/千克）	900	900	1 000	1 000	1 000	1 000
维生素 K_3（毫克/千克）	1.0	1.0	2.0	2.0	2.0	2.0
维生素 B_1（毫克/千克）	1.0	1.0	1.2	1.2	1.0	1.0
维生素 B_2（毫克/千克）	3.0	3.0	5.0	5.0	3.0	3.0
维生素 B_6（毫克/千克）	1.0	1.0	1.5	1.5	1.0	1.0
维生素 B_{12}（微克/千克）	10.0	10.0	12.0	12.0	10.0	10.0
叶酸（毫克/千克）	0.2	0.2	1.5	1.5	0.5	0.5
尼克酸（毫克/千克）	30.0	30.0	50.0	50.0	30.0	30.0
泛酸（毫克/千克）	8.0	8.0	12.0	12.0	8.0	8.0
生物素（微克/千克）	80.0	80.0	80.0	80.0	80.0	80.0
胆碱（毫克/千克）	100.0	100.0	200.0	200.0	100.0	100.0

（3）中国农业科学院兰州畜牧兽医研究所推荐的长毛兔饲养标准　见表6-16和表6-17。

表6-16　长毛兔饲粮营养成分

项　　　目	幼兔（断奶至3月龄）	青年兔	妊娠母兔	哺乳母兔	产毛兔	种公兔
消化能（兆焦/千克）	10.45	10.03～10.45	10.03	10.87	9.82	10.03
粗蛋白质（%）	16	15～16	16	18	15	17
可消化粗蛋质（%）	12	10～11	11.5	13.5	10.5	13
粗纤维（%）	14	16～17	15	13	17	16～17
蛋能比（克/兆焦）	11.48	10.77	11.48	12.44	11.00	12.68
钙（%）	1.0	1.0	1.0	1.2	1.0	1.0
磷（%）	0.5	0.5	0.5	0.8	0.5	0.5
铜（毫克/千克）	20～200	20	10	10	30	10
锌（毫克/千克）	50	50	70	70	50	70
锰（毫克/千克）	30	30	50	50	30	50
含硫氨基酸（%）	0.6	0.6	0.8	0.8	0.8	0.6
赖氨酸（%）	0.7	0.65	0.7	0.9	0.5	0.6
精氨酸（%）	0.6	0.6	0.7	0.9	0.6	0.6
维生素A（国际单位/千克）	8 000	8 000	8 000	10 000	6 000	12 000
胡萝卜素（毫克/千克）	0.83	0.83	0.83	1.0	0.6	1.2

表6-17　长毛兔每日营养需要量

类　　别	体重（千克）	日增重（克）	颗粒料采食量（克）	消化能（千焦）	粗蛋白质（克）	可消化粗蛋白质（克）
		20	60～80	493.24	10.1	7.8
断奶至3月龄	0.5	35		581.20	11.7	9.1
		30		668.80	13.3	10.4

（续）

类　　别	体重（千克）	日增重（克）	颗粒料采食量（克）	消化能（千焦）	粗蛋白质（克）	可消化粗蛋白质（克）
断奶至3月龄	1.0	20	70～100	739.86	12.4	9.3
		25		827.64	14.0	10.3
		30		915.42	15.6	11.8
	1.5	20	95～110	990.66	14.7	10.7
		25		1 078.44	16.3	12.0
		30		1 166.22	17.9	13.3
青年兔	2.5	10	115	1 546.60	23	16
		15		1 613.48	24	17
	3.0	10	160	1 588.40	25	17
		15		1 655.28	26	18
	3.5	10	165	1 630.20	27	18
		15		1 697.06	28	19
妊娠母兔，平均每窝产仔6只，每日产毛2克	3.5～4.0	母兔不少于2	不低于165	1 672.00	27	19
哺乳母兔，每窝哺仔5～6只，每日产毛2克	3.5	3	不低于210	2 215.40	36	27
	4.0	3		2 319.90		
产毛兔，每日产毛2～3克	3.5～4.0	3	150	1 463.00	23	16
6. 种公兔，配种期，每日产产毛2克	3.5	3	150	1 463.00	26	19

(4) 笔者等推荐的獭兔饲养标准　笔者等根据研究成果，提出"皮用兔推荐饲养标准"（表 6-18、表6-19、表 6-20、表 6-21），仅供参考。

表 6-18　笔者等推荐的皮用兔饲养标准（一）

项　　目	妊娠母兔	哺乳母兔及仔兔	生长兔		空怀母兔
			断奶至3月龄	青年兔(3月龄至取皮)	
消化能（兆焦/千克）	10.47	11.0	11.3	10.3	10.46
粗蛋白（%）	17.5	19.0	19	16	16
粗纤维（%）	14.6	13.0	11～12	16～18	16～18
含硫氨基酸（%）	0.8	0.87	0.87	0.65	0.65
赖氨酸（%）	0.6	0.6	1.0	0.6	0.6
钙（%）	1.0	1.2	1.0	1.0	1.0
磷（%）	0.5	0.8	0.5	0.5	0.5
食盐（%）	0.3	0.6	0.5	0.5	0.5

注：其他营养元素需要量参考 F. Lebas 推荐的标准。

表 6-19　生长獭兔（断奶至出栏）日供饲料量（克/天）

断奶后周龄	日供饲料量（DE11.0兆焦/千克，CP19%）
第1周	75
第2周	100
第3周	100
第4周	120
第5周	120
第6周	120
第7周	115
第8周	110
第9周	110
第10周	120
第11周	130
第12周	120

（续）

断奶后周龄	日供饲料量（DE11.0兆焦/千克，CP19%）
第13周	125
第14周	135
第15周	135
第16周	130

表6-20　青年獭兔日供饲料量（3月龄至出栏）（克/天）

3月龄后时期	日均采食量（DE10.5兆焦/千克，CP19.3%）	日均采食量（DE10.3兆焦/千克，CP16%）
第1周	125	125
第2周	145	145
第3周	130	130
第4周	130	130
第5周	140	140
第6周	125	130
第7周	130	130

表6-21　成年獭兔日供饲料量

生理阶段	日均采食量（/天）
空怀母兔（DE10.46兆焦/千克，CP16%）	170克
妊娠母兔（DE10.46兆焦/千克，CP17.5%）	妊娠前期（20天）170克，妊娠后期190克
哺乳母兔及仔兔（DE11兆焦/千克，CP19%）	产仔前3天、产后3天150～170克；产后第4天逐步增加饲喂量，至自由采食

3. 饲料配方的设计

目前大多养殖场户利用计算机进行饲料配方设计。

其是根据线性规划原理，在规定多种条件的基础上，筛选出最低成本的饲粮配方，其可以同时考虑几十种营养指标，运算速度快、精度高，是目前最先进的方法。

目前市场上有许多畜禽优化饲粮配方计算机软件可供选择，可直接用于生产。

设计家兔饲料配方的几点体会

以下是笔者的几点体会，仅供参考。

第一，初拟配方时，先确定食盐、矿物质、预混料等原料的用量。

第二，对所用原料的营养特点要有一定了解，确定有毒素、营养抑制因子等原料的用量。质量低的动物性蛋白饲料最好不用，因为其造成危害的可能性很大。

第三，调整配方时，先以能量、粗蛋白质、粗纤维为目标进行，然后考虑矿物质、氨基酸等。

第四，矿物质不足时，先以含磷高的原料满足磷的需要，再计算钙的含量；不足的钙以低磷高钙的原料（如贝壳粉、石粉）补足。

第五，氨基酸不足时，以合成氨基酸补充，但要考虑氨基酸产品的含量和效价。

第六，计算配方时，不必过于拘泥于饲养标准。饲养标准只是一个参考值。原料的营养成分也不一定是实测值，用试差法手工计算完全达到饲养标准是不现实的，应力争使用计算机优化系统。

第七，配方营养浓度应稍高于饲养标准，一般确定一个最高的超出范围，如1%或2%。

第八，添加的抗球虫药物等，要轮换使用，以防产生抗药性。禁止使用马杜拉霉素等易中毒的添加剂。

贮藏库房的选择：选择干燥、通风良好、无鼠害的库房进行饲料的贮藏。饲料水分要求北方地区不高于14%，南方地区不高于12.5%。建立"先进先出"制度。经常检查库房顶部和窗户是否有漏雨现象，定期对饲料进行清理，发现变质或过期的饲料应及时处理。

对于小型兔场可采用当天生产、当天使用，以降低饲料在贮藏过程中发生变质的危险。

（四）肉兔、獭兔、毛兔的典型饲料配方

1. 山西省农业科学院畜牧兽医研究所试验兔场饲料配方

该饲料配方见表6-22。

表6-22　山西省农业科学院畜牧兽医研究所实验兔场饲料配方（％）

项　目	仔兔诱食料	生长兔		空怀母兔	公兔	哺乳母兔
		肉兔	獭兔、毛兔			
饲料原料						
草粉	19.0	34.0	34.0	40.0	40.0	37.0
玉米	29.0	24.0	24.0	21.5	21.0	23.0
小麦麸	30.0	24.5	23.3	22.0	22.0	22.0
豆饼	14.0	12.0	12.0	10.5	10.5	12.3
葵花籽饼	5.0	4.0	4.0	4.5	4.5	4.0
鱼粉	1.0	—	1	—	1.5	—
蛋氨酸	0.1	—	0.1	—	—	—
赖氨酸	0.1	—	0.1	—	—	—
磷酸氢钙	0.7	0.6	0.6	0.6	0.6	0.7
贝壳粉	0.7	0.6	0.6	0.6	0.6	0.7
食盐	0.4	0.3	0.3	0.3	0.3	0.3
兔宝系列添加剂	0.5 （兔宝Ⅰ号）	0.5 （兔宝Ⅰ号）	0.5 （兔宝Ⅱ号或Ⅳ号）	0.5 （兔宝Ⅱ号）	0.5 （兔宝Ⅱ号）	0.5 （兔宝Ⅱ号）
多维素	适量	适量	适量	适量	适量	适量
营养水平	生长兔饲料配方：粗蛋白质17％、粗脂肪1.6％、粗纤维13％、灰分7.9％、属中等营养水平					
饲喂效果	肉用生长兔：断奶至体重达2 200克间，日增重30克，料重比3∶1；獭兔生长兔：90～100日龄体重达2 100克；繁殖母兔发情正常，受胎率高					

注：1. 夏秋季每兔日喂青苜蓿或菊苣50～100克，冬季日喂胡萝卜50～100克。

2. 兔宝系列添加剂系山西省畜牧兽医研究所实验兔场科研成果，兔宝Ⅰ号适用于仔、幼兔，可提高日增重20％，有效预防兔球虫病、腹泻及呼吸道疾病；兔宝Ⅱ号适用于青年兔、繁殖兔；兔宝Ⅲ号、Ⅳ号分别适合于产毛兔和产皮兔。

3. 草粉种类有青干草、豆秸、玉米秸秆、谷草、苜蓿粉、花生壳等，草粉种类不同，饲料配方应作相应调整。

2. 中国农业科学院兰州畜牧研究所推荐的肉兔饲料配方

该饲料配方见表6-23。

表6-23　中国农业科学院兰州畜牧研究所推荐的肉兔饲料配方

项　目	生　长　兔			妊娠母兔	哺乳母兔及仔兔		种公兔	
	配方1	配方2	配方3		配方1	配方2	配方1	配方2
饲料原料								
苜蓿草粉(%)	36	35.3	35	35	30.5	29.5	49	40
麸皮（%）	11.2	6.7	7	7	3	4	15	15
玉米（%）	22	21	21.5	21.5	30	29	17	12
大麦（%）	14	—	—	—	10	—	—	—
燕麦（%）	—	20	22.1	22.1	—	14.7	—	14
豆饼（%）	11.5	12	9.8	9.8	17.5	14.8	15	15
鱼粉（%）	0.3	1	0.6	0.6	4	4	3	3
食盐（%）	0.2	0.2	0.2	0.2	0.2	0.2	0.2	0.2
石粉（%）	2.8	1.8	1.8	1.8	2	1.8	0.8	0.8
骨粉（%）	2	2	2	2	2.8	2		
日粮营养价值								
消化能（兆焦/千克）	10.46	10.46	10.46	10.46	11.3		9.79	10.29
粗蛋白质（%）	15	16	15	15	18		18	18
粗纤维(计算值)（%）	15	16	16	16	12.8	12	19	
添加								
蛋氨酸（%）	0.14	0.11	0.14	0.14				
多维素（%）	0.01	0.01	0.01	0.01	0.01	0.01	0.01	0.01
硫酸铜（毫克/千克）	50	50	50	50	50	50	50	50
氯苯胍	160片/50千克，妊娠兔日粮中不加，公兔定期加入							

3. 云南省农科院畜牧兽医研究所兔场饲料配方

该饲料配方见表 6–24。

表 6-24 云南省农业科学院畜牧兽医研究所兔场饲料配方

项 目	仔兔料	毛、皮用成兔料	肉用成兔料
饲料原料			
苕子青干草粉(%)	18	20	20
玉米（%）	40	36	40
麦麸（%）	18	18	20
秘鲁鱼粉（%）	4	3.5	2.5
豆饼（%）	12	11	9
花生饼（%）	5	8	5
骨粉（%）	2	2	2
饲料原料			
食盐（%）	—	0.5	0.5
矿物质添加剂	1	1	1
蛋氨酸（%）	0.15	0.15	—
赖氨酸（%）	0.1	0.1	—
营养水平			
消化能(兆焦/千克)	10.88	10.51	10.55
粗蛋白质（%）	18.91	18.91	17.02
粗脂肪（%）	3.56	3.50	3.50
粗纤维（%）	7.59	8.13	8.06
钙（%）	1.07	1.08	1.04
磷（%）	0.81	0.80	0.77
赖氨酸（%）	0.75	0.75	0.63
蛋氨酸＋胱氨酸(%)	0.48	0.48	0.43

注: 1. 各种家兔日喂混合精饲料（颗粒或粉料）2 次，另加喂青草 2 次。青草成兔日喂 400 克，仔兔日喂 50 克。

2. 各品种母兔在怀孕后期日补精饲料 1 次。

3. 毛兔、皮兔的生产和繁殖性能良好。肉兔保持中等体况，不肥胖，繁殖正常。

4. 江苏省金陵种兔场饲料配方

该饲料配方见表6-25。

表6-25 江苏省金陵种兔场饲料配方

饲料原料	比例（%）	营养成分	含 量
花生藤粉	35	消化能（兆卡/千克）	9.46
槐叶	15	粗蛋白质（%）	16.53
玉米	10	粗纤维（%）	12.54
麸皮	24	赖氨酸（%）	0.55
豆粕	8	蛋氨酸（%）	0.65
菜籽粕	3	苏氨酸（%）	0.47
酵母	1.0	钙（%）	2.32
石粉	1.5	磷（%）	0.60
食盐	0.5		
矿物质添加剂	0.5		
蛋氨酸	0.3		
骨粉	1.2		

注：1. 此配方适用于毛兔、肉兔。包括哺乳母兔、怀孕母兔、空怀母兔、种公兔、青年兔、后备兔及断奶仔兔。

2. 毛兔料中加入蛋氨酸，肉兔料不加。

3. 矿物质添加剂为本场自己生产。

4. 肉兔（新西兰）91日龄达2.5千克，毛兔137日龄达2.5千克。

5. 安徽省固镇种兔场饲料配方

该饲料配方见表6-26。

表6-26 安徽省固镇种兔场饲料配方

项 目	空怀兔	生长兔	妊娠兔	泌乳兔	产毛兔	种公兔
饲料原料						
草粉（%）	27	24	27	20	27	20
三七糠（%）	15	0	0	0	0	0
玉米（%）	4.5	8.5	7.5	8	5.5	11
大麦（%）	10	15	15	15	15	15

（续）

项　　目	空怀兔	生长兔	妊娠兔	泌乳兔	产毛兔	种公兔
饲料原料						
麸皮（%）	35	30	30	30	30	40
鱼粉（%）	0	2	0	3	2	3
豆饼（%）	8	10	11	13	10	10
菜籽饼（%）	0	8	7	8	8	0
石粉（%）	0	1.5	1.5	2	1.5	0
食盐（%）	0.5	1	1	1	1	1
营养水平						
消化能(兆焦/千克)	8.96	10.38	10.09	10.80	10.77	10.80
粗蛋白质（%）	12.35	16.11	15.01	17.82	16.04	15.50
粗纤维（%）	15.33	11.08	11.84	10.13	11.86	10.13
粗脂肪（%）	3.15	3.52	3.52	3.68	3.45	2.17
钙（%）	0.19	0.89	0.80	1.13	0.90	0.32
磷（%）	0.54	0.58	0.63	0.64	0.58	0.62
赖氨酸（%）	0.45	0.57	0.55	0.63	0.56	0.54
含硫氨基酸（%）	0.34	0.43	0.41	0.48	0.42	0.44

注：1. 每千克饲料另加 3.3 克添加剂。其组成为：硫酸铜 15.54%，硫酸亚铁 7.69%，硫酸锌 6.81%，硫酸镁 6.78%，氯化钴 0.125%，亚硒酸钠 0.01%，蛋氨酸 10.61%，喹乙醇 0.91%，克球粉 1.52%。

2. 长年不断青，如苜蓿、苕子、大麦苗、洋槐叶、花生秧、山芋藤、胡萝卜、白菜等。

6. 四川省畜牧科学院兔场饲料配方

该饲料配方见表 6-27。

表 6-27　四川省畜牧科学院兔场饲料配方

原　　料	比例（%）	营养成分	含　　量
草粉	19	消化能（兆焦/千克）	49.07
光叶紫花苕	12	粗蛋白质（%）	18.2
玉米	27	粗脂肪（%）	3.93
大麦	15	粗纤维（%）	12.2
蚕蛹	4	钙（%）	0.7
豆饼	9	磷（%）	0.48

（续）

原　料	比例（%）	营养成分	含　量
花生饼	10	赖氨酸（%）	0.78
菜籽饼	2	蛋氨酸＋胱氨酸（%）	0.68
骨粉	0.5		
食盐	0.5		

注：1. 此方适用于生长育肥兔及妊娠母兔，其他生理阶段的家兔在此基础上适当
　　　调整。

　　2. 生长兔添加剂为自制。

　　3. 赖氨酸和含硫氨基酸未包括添加剂里的含量。

　　4. 本配方不仅可促进生长，保证母兔正常繁殖。经对比试验，对预防腹泻有良好

7. 陕西省农业科学院畜牧兽医研究所兔场饲料配方

该饲料配方见表6-28。

表 6-28　陕西省农业科学院畜牧兽医研究所兔场饲料配方

原　料	生长兔	泌乳兔	营养成分	生长兔	泌乳兔
粗糠（%）	5	10	消化能（兆焦/千克）	48.23	46.39
玉米（%）	35	30	粗蛋白质（%）	16.67	16.68
大麦（%）	10	10	粗脂肪（%）	3.18	3.27
麸皮（%）	31	26	粗纤维（%）	7.53	9.39
鱼粉（%）	3	0	钙（%）	1.44	1.46
豆饼（%）	5	10	磷（%）	0.63	0.63
菜籽饼（%）	7	10	赖氨酸（%）	0.90	0.78
贝壳粉（%）	3.5	3.5			
食盐（%）	0.5	0.5			
微量添加剂	适量	适量			
含硒生长素	适量	适量			

注：1. 生长兔为断乳至3月龄阶段。日喂混合料50～70克，青草或青干草自由采食。
　　　日增重20克左右。

　　2. 泌乳母兔日喂混合精饲料75～150克，青草或青干草自由采食。

　　3. 缺青季节补加维生素添加剂。

8. 四川农业大学生长肉兔饲料配方

该饲料配方见表6–29。

表6-29 四川农业大学生长肉兔饲料配方（%）

原　　料	比　　例	原　　料	比　　例
优质青干草粉	16	黄豆	8
三七统糠	15	菜籽饼	5.28
玉米	16.7	石粉	0.5
小麦	18	食盐	0.5
麦麸	15	添加剂	0.52
蚕蛹	5		

9. 山西省某肉兔场饲料配方

该饲料配方见表6–30。

表6-30 山西省某肉兔场饲料配方

饲料种类	怀孕兔	泌乳兔	生长兔	育肥兔
干草粉（%）	19	18	23	19.5
松针粉（%）	4	4	4	4
玉米（%）	10	9	10	16
小麦（%）	11	10	7	9
麸皮（%）	35	35	30	30
豆饼（%）	11.5	14.5	17	11.5
脱毒菜籽饼（%）	3	3	3	4
脱毒棉籽饼（%）	3	3	3	3
蛋氨酸（%）	0.03	0.05	0.1	0.05
赖氨酸（%）	0.27	0.19	0.15	0.21
贝壳粉（%）	1.2	1.26	0.7	0.67
骨粉（%）	1	1	1.5	1.07
食盐（%）	0.5	0.5	0.5	0.5
兔宝添加剂（%）	0.5（兔宝Ⅱ号）	0.5（兔宝Ⅱ号）	0.5（兔宝Ⅰ号）	0.5（兔宝Ⅰ号）
多种维生素（克/100千克）	20	20	20	20

注：兔宝添加剂由山西省农业科学院畜牧兽医研究所研制生产。

10. 黑龙江省肇东市边贸局肉兔饲料配方

该饲料配方见表6-31。

表6-31　黑龙江省肇东市边贸局肉兔饲料配方（％）

分　　类	草粉	玉米	麸皮	豆饼	骨粉	食　　盐
中型兔、地方兔						
维持及空怀母兔	67	10	15	5	2	0.5～1
妊娠期母兔	45	12	35	5	2	0.5～1
哺乳期母兔	25	10	37	15	2	0.5～1
仔兔补料期	25	15	37	20	2	0.5～1
生长期	42	10	35	10	2	0.5～1
大型兔						
妊娠期	42	14	33	8	2	0.5～1
哺乳期母兔	30	15	32	20	2	0.5～1
生长期	40	15	30	12	2	0.5～1
快速育肥兔	25	25	30	10	2	0.5～1

11. 山东省临沂市长毛兔研究所长毛兔饲料配方

该饲料配方见表6-32。

表6-32　山东省临沂市长毛兔研究所长毛兔饲料配方

项　　目	仔、幼兔生长期用	青、成种用
饲料原料		
花生秧（％）	40	46
玉米（％）	20	18.5
小麦麸（％）	16	15
大豆粕（％）	21	18
骨粉（％）	2.5	2
食盐（％）	0.5	0.5
另加		
进口蛋氨酸	0.3	0.15
进口多种维生素	12克/50千克料	12克/50千克料
微量元素	按产品使用说明加量	按产品使用说明加量

（续）

项　目	仔、幼兔生长期用	青、成种用
营养水平		
消化能（兆焦/千克）	9.84	9.5
粗蛋白质（%）	18.03	17.18
粗纤维（%）	13.21	14.39
粗脂肪（%）	3.03	2.91
钙（%）	1.824	1.81
磷（%）	0.637	0.55
含硫氨基酸（%）	0.888	0.701
赖氨酸（%）	0.926	0.853

注：为防上腹泻，可在饲料中拌加大蒜素和氟哌酸，连用5天停药（加量要按产品说明）。

12. 中国农业科学院兰州畜牧研究所安哥拉生长兔、产毛兔常用配合饲料配方

该饲料配方见表6-33。

表6-33　安哥拉生长兔、产毛兔常用配合饲料配方

项　目	断奶至3月龄生长兔			4～6月龄生长兔		产毛兔	
	配方1	配方2	配方3	配方1	配方2	配方1	配方2
饲料原料							
苜蓿草粉（%）	30	33	35	40	33	45	39
玉米（%）	—	—	—	21	31	21	25
麦麸（%）	32	37	32	24	19	19	21
大麦（%）	32	22.5	22	—	—	—	—
豆饼（%）	4.5	6	4.5	4	5	2	2
胡麻饼（%）	—	—	3	4	4	6	6
菜籽饼（%）	—	—	—	5	6	4	4
鱼粉（%）	—	—	2	—	—	1	1
骨粉（%）	1	1	1	1.5	1.5	1.5	1.5
食盐（%）	0.5	0.5	0.5	0.5	0.5	0.5	0.5
添加成分							
硫酸锌（克/千克）	0.05	0.05	0.05	0.07	0.07	0.04	0.04

（续）

项　目	断奶至3月龄生长兔			4～6月龄生长兔		产毛兔	
	配方1	配方2	配方3	配方1	配方2	配方1	配方2
添加成分							
硫酸锰（克/千克）	0.02	0.02	0.02	0.02	0.02	0.03	0.03
硫酸铜（克/千克）	0.15	0.15	0.15	—	—	0.07	0.07
多种维生素（克/千克）	0.1	0.1	0.1	0.1	0.1	0.1	0.1
蛋氨酸（%）	0.2	0.2	0.1	0.2	0.2	0.2	0.2
赖氨酸（%）	0.1	0.1	—	—	—	—	—
营养成分							
消化能（兆焦/千克）	10.67	10.34	10.09	10.46	10.84	9.71	10.00
粗蛋白质（%）	15.4	16.1	17.1	15.0	15.9	14.5	14.1
可消化粗蛋白质（%）	11.7	11.9	11.6	10.8	11.3	10.3	10.2
粗纤维（%）	13.7	15.6	16.0	16.0	13.9	17.0	15.7
赖氨酸（%）	0.6	0.75	0.7	0.65	0.65	0.65	0.65
含硫氨基酸（%）	0.7	0.75	0.7	0.75	0.75	0.75	0.75

注：苜蓿草粉的粗蛋白质含量约12%、粗纤维35%。

13. 中国农业科学院兰州畜牧研究所安哥拉妊娠兔、哺乳兔、种公兔常用配合饲料配方

该饲料配方见表6-34。

表6-34　安哥拉妊娠兔、哺乳兔、种公兔常用配合饲料配方

项　目	妊娠兔			哺乳兔		种公兔	
	配方1	配方2	配方3	配方1	配方2	配方1	配方2
饲料原料							
苜蓿草粉（%）	37	40	42	31	32	43	50
玉米（%）	28	18	30.5	30	29	15	—
麦麸（%）	18	8	12.5	15	20	17	16
大麦（%）	—	17	—	5	—	—	16
豆饼（%）	3	—	5	5	5	5	4
胡麻饼（%）	5	5	—	4	5	3	5
菜籽饼（%）	6	5	7	7	6	9	4
鱼粉（%）	1	5	1	1	1	3	3

（续）

项　目	妊娠兔			哺乳兔		种公兔	
	配方1	配方2	配方3	配方1	配方2	配方1	配方2
饲料原料							
骨粉（%）	1.5	1.5	1.5	1.5	1.5	1.5	1.5
食盐（%）	0.5	0.5	0.5	0.5	0.5	0.5	0.5
添加成分							
硫酸锌（克/千克）	0.10	0.10	0.10	0.10	0.10	0.3	0.3
硫酸锰（克/千克）	0.05	0.05	0.05	0.05	0.05	0.3	0.3
硫酸铜（克/千克）	0.05	0.05	0.05	0.05	—	—	—
多种维生素（克/千克）	0.1	0.1	0.1	0.2	0.2	0.3	0.2
蛋氨酸（%）	0.2	0.3	0.3	0.3	0.3	0.1	0.1
赖氨酸（%）	—	—	—	0.1	0.1	—	—
营养成分							
消化能（兆焦/千克）	10.21	10.21	10.38	10.88	10.72	9.84	9.67
粗蛋白质（%）	16.7	15.4	16.1	16.5	17.3	17.8	16.8
可消化粗蛋白质（%）	13.6	11.1	11.7	12.0	12.2	13.2	12.2
粗纤维（%）	18.0	15.7	16.2	14.1	15.3	16.5	19.0
赖氨酸（%）	0.60	0.70	0.60	0.75	0.75	0.80	0.80
含硫氨基酸（%）	0.75	0.80	0.80	0.85	0.85	0.65	0.65

注：苜蓿草粉的粗蛋白质含量约12%，粗纤维35%。

14. 江苏省农业科学院饲料食品研究所安哥拉兔常用配合饲料配方

该饲料配方见表6-35。

15. 浙江省饲料公司安哥拉兔产毛兔配合饲料配方

该饲料配方见表6-36。

16. 江苏省农业科学院食品研究所兔场产毛兔及公兔饲料配方

该饲料配方见表6-37。

表 6-35　安哥拉兔常用配合饲料配方

项　目	妊娠兔	哺乳兔		产毛兔		种公兔	
		配方1	配方2	配方1	配方2	配方1	配方2
饲料原料							
玉米（%）	25.5	23	26	14	19	26.0	20
麦麸（%）	33	30	32	36	33.5	31.0	31.5
豆饼（%）	16	19	19	16	17	13.5	11
苜蓿草粉（%）	—	—	—	30.5	27	31.5	31.5
青干草粉（%）	11	18	15	—	—	—	—
大豆秸秆（%）	11	3	3.5	—	—	—	—
骨粉（%）	—	2.7	2.2	—	—	0.7	0.7
石粉（%）	1.2	—	—	1.2	1.2	1.0	1.0
食盐（%）	0.3	0.3	0.3	0.3	0.3	0.3	0.3
预混料（%）	2	2	2	2	2	2	2
鱼粉（%）	—	2	—	—	—	4	2
营养成分							
消化能（兆焦/千克）	10.76	10.55	10.76	11.60	11.64	11.46	11.49
粗蛋白质（%）	16.09	18.37	17.32	17.77	17.84	17.85	15.70
可消化粗蛋白质（%）	10.98	12.95	10.97	11.87	12.09	12.90	11.10
粗纤维（%）	11.96	10.70	10.24	15.23	13.94	14.89	14.86
钙（%）	0.71	1.22	1.02	1.01	0.97	1.27	1.21
磷（%）	0.45	0.91	0.81	0.47	0.46	0.60	—
含硫氨基酸（%）	0.66	0.72	0.68	0.91	0.92	0.78	—
赖氨酸（%）	1.08	1.24	1.14	0.74	0.76	1.13	—

注：预混料由该研究所自己研制。

表 6-36　安哥拉兔产毛兔配合饲料配方

项　目	配方1	配方2	配方3
饲料原料			
玉米（%）	35	17.1	24.9
四号粉（%）	12	10	—
小麦（%）	—	—	10
麦麸（%）	7	8.1	10
豆饼（%）	14	10.9	15.5
菜籽饼（%）	8	8	8
青草粉（%）	—	38.5	29.2
松针粉（%）	5	5	—

（续）

项　　目	配方 1	配方 2	配方 3
饲料原料			
清糠（%）	16	—	—
贝壳粉（%）	2	1.4	1.4
食盐（%）	0.5	0.5	0.5
添加剂（%）			
营养成分			
消化能（兆焦/千克）	11.72	10.46	11.72
粗蛋白质（%）	16.24	16.25	18.02
粗脂肪（%）	3.98	3.70	3.82
粗纤维（%）	12.55	15.92	12.52
赖氨酸（%）	0.64	0.64	0.73
含硫氨基酸（%）	0.7	0.7	0.7

注：添加剂为该公司产品。

表 6-37　产毛兔及公兔饲料配方

项　　目	产毛兔		种公兔	
	配方 1（M-01）	配方 2（M-02）	配方 1（克-01）	配方 2（克-02）
饲料原料				
苜蓿草粉（%）	27	30.5	31.5	31.5
豆饼（%）	17	16.0	13.5	11.0
玉米（%）	19	14.0	16.0	2.0
麦麸（%）	33.5	36.0	31.0	31.5
进口鱼粉（%）	0	0	4.0	2.0
石粉（%）	1.2	1.2	1.0	1.0
骨粉（%）	0	0	0.7	0.7
食盐（%）	0.3	0.3	0.3	0.3
预混料（%）	2.0	2.0	2.0	2.0

（续）

项　目	产毛兔		种公兔	
	配方1（M-01）	配方2（M-02）	配方1（克-01）	配方2（克-02）
营养水平				
消化能（兆焦/千克）	11.64	11.60	11.46	11.49
粗蛋白质（%）	17.34	17.77	17.85	15.70
可消化粗蛋白质（%）	12.09	11.87	12.90	11.10
粗脂肪（%）	2.79	2.74	3.89	2.86
粗纤维（%）	13.94	15.23	14.89	14.86
钙（%）	0.97	1.01	1.27	1.21
磷（%）	0.46	0.47	0.60	
含硫氨基酸（%）	0.92	0.91	0.78	
赖氨酸（%）	0.76	0.74	1.13	
精氨酸（%）	1.18	1.17	1.19	

注：1.M-01，M-02预混料含硫氨基酸0.4%（饲料中含量），维生素和微量元素达标。

2.M-01号料：采食量日不低于160克，80天采毛量（除夏）220克以上，毛料比为1:55。

3.M-02号料：采食量每日不低于150克，80天采毛量（除夏）205克以上，毛料比为1:60。

4.克-01、克-02号料：采食量不低：160克/日，隔日采精，性欲旺盛，精液品质正常；但在南方高温季节可能影响性欲及精液品质。

5.克-01，克-02预混料含蛋氨酸0.2%，赖氨酸0.3%（饲料中）。

17. 杭州养兔中心种兔场獭兔饲料配方

该饲料配方及营养成分见表6-38。

表6-38　杭州养兔中心种兔场獭兔饲料配方

项　目	生长兔	妊娠母兔	泌乳母兔	产皮兔
饲料原料				
青干草粉（%）	15	20	15	20
麦芽根（%）	32	26	30	20
统糠（%）	—	—	—	15
四号粉（%）	—	—	25	—

（续）

项　　目	生长兔	妊娠母兔	泌乳母兔	产皮兔
饲料原料				
玉米（%）	6	—	—	8
大麦（%）	—	10	—	—
麦麸（%）	30	30	10	25
豆饼（%）	15	12	18	10
石粉或贝壳粉(%)	1.5	1.5	1.5	1.5
食盐（%）	0.5	0.5	0.5	0.5
添加剂				
蛋氨酸（%）	0.2	0.2	0.2	0.2
抗球虫药	适量	—	—	
营养成分				
消化能(兆焦/千克)	9.88	9.92	10.38	9.38
粗蛋白质（%）	18.04	16.62	18.83	14.88
粗脂肪（%）	3.38	3.12	3.33	3.25
粗纤维（%）	12.23	12.75	10.47	15.88
钙（%）	0.64	0.74	0.63	0.80
磷（%）	0.59	0.60	0.45	0.56
赖氨酸（%）	0.76	0.69	0.81	0.57
蛋氨酸+胱氨酸(%)	0.76	0.72	0.76	0.64

18. 中国农业技术协会兔业中心原种场饲料配方

该饲料配方见表6-39。

表6-39　中国农业技术协会兔业中心原种场饲料配方

项　　目	獭　兔		长毛兔	
	种　兔	幼　兔	种　兔	幼　兔
饲料原料				
稻壳（%）	18	16	20	10
花生蔓（%）	15	13	—	—

（续）

项　目	獭　兔		长毛兔	
	种　兔	幼　兔	种　兔	幼　兔
饲料原料				
玉米（%）	18	20	25	20
麦麸（%）	25	25	21	25
豆粕（%）	18	20	15	5
鱼粉（%）	2	2	—	—
酵母粉（%）	2	2	1	1
蛋氨酸（%）	0.2	0.2	0.2	0.2
赖氨酸（%）	0.2	0.3	0.2	0.2
骨粉（%）	2	2	1.5	—
多维素（%）	0.1	0.1	—	0.1
食盐（%）	0.5	0.5	0.5	0.5
喹乙醇（克）	15	15	15	15
营养水平				
消化能（兆焦/千克）	10.46	11.46	11.97	11.38
粗蛋白质（%）	17.74	18.6	17.49	18.28
粗纤维（%）	14.4	13.2	14.18	13.45
粗脂肪（%）	2.85	2.98	3.82	5
钙（%）	1.08	1.09	1.0	0.9
磷（%）	0.95	0.93	0.61	0.74
含硫氨基酸（%）	0.64	0.64	0.71	0.75
赖氨酸（%）	0.73	0.78	0.62	0.83

19. 金星良种獭兔场饲料配方

该饲料配方见表6-40。

（五）国外典型的饲料配方

1. 法国种兔及育肥兔典型饲料配方

该饲料配方见表6-41。

表 6-40　金星良种獭兔场饲料配方

项　目	18~60 日龄				全价料（冬天用）				精饲料补充料（夏天用）	
	配方 1	配方 2	配方 3	配方 4	配方 1	配方 2	配方 3	配方 4	配方 1	配方 2
饲料原料										
稻草粉（%）	15.0	10.0	15.0	10.0	13.0	—	13.0	—	—	—
三七糠（%）	7.0	—	7.0	—	12.0	9.0	13.0	9.0	7.0	7.0
苜蓿草粉（%）	—	22.0	—	22.0	—	30.0	—	30.0	—	—
玉米（%）	5.9	6.0	5.9	6.0	8.0	8.0	9.0	8.0	19.3	19.3
小麦（%）	23.0	17.0	21.0	15.0	23.0	21.0	21.0	19.5	21.0	29.0
麸皮（%）	27.0	29.4	27.0	29.4	23.0	19.5	21.0	19.5	20.0	20.0
豆粕（%）	19.0	13.0	21.0	15.0	18.0	10.0	20.0	11.5	23.0	21.0
DL-蛋氨酸（%）	0.2	0.2	0.2	0.2	0.2	0.2	0.2	0.2	0.3	0.3
L-赖氨酸（%）	0.1	0.1	0.1	0.1	0.1	0.2	—	—	0.1	0.1

（续）

项目	18~60日龄				全价料（冬天用）				精饲料补充料（夏天用）	
	配方1	配方2	配方3	配方4	配方1	配方2	配方3	配方4	配方1	配方2
饲料原料										
骨粉（%）	0.8	0.8	0.8	0.8	0.8	0.8	0.8	0.8	1.0	1.0
石粉（%）	1.5	1.0	1.5	1.0	1.5	1.0	1.5	1.0	1.8	1.8
食盐（%）	0.5	0.5	0.5	0.5	0.5	0.5	0.5	0.5	0.5	0.5
营养水平										
消化能（兆焦/千克）	10.80	10.86	10.80	10.87	10.58	10.74	10.52	10.74	12.54	12.54
粗蛋白质（%）	17.38	17.41	17.95	17.98	16.68	16.69	17.07	17.11	19.03	18.46
粗纤维（%）	10.38	13.1	10.44	13.16	11.04	14.66	11.25	14.70	6.1	6.05
钙（%）	0.95	0.96	0.95	0.96	0.95	1.04	0.96	1.04	1.08	1.08
磷（%）	0.60	0.62	0.60	0.63	0.58	0.59	0.57	0.60	0.62	0.61
赖氨酸（%）	0.81	0.82	0.86	0.86	0.70	0.71	0.74	0.74	0.90	0.86
蛋氨酸+胱氨酸（%）	0.65	0.62	0.66	0.64	0.64	0.63	0.66	0.64	0.82	0.81

表 6-41　法国种兔及育肥兔典型饲料配方

项　目	种用兔（1）	种用兔（2）	育肥兔（1）	育肥兔（2）
饲料原料				
苜蓿粉（%）	13	7	15	0
稻草（%）	12	14	5	0
糠（%）	12	10	12	0
脱水苜蓿（%）	0	0	0	15
干甜菜渣（%）	0	0	0	15
玉米（%）	0	0	0	12
小麦（%）	0	0	10	10
大麦（%）	30	35	30	25
豆饼（%）	12	12	0	8
葵花籽饼（%）	12	13	14	10
废糠渣（%）	6	6	4	6
椰树芽饼（%）	0	0	6	0
黏合剂（%）	0	0	1	0
矿物质与多维（%）	3	3	3	4
营养水平				
粗蛋白质（%）	17.3	16.4	16.5	15
粗纤维（%）	12.8	13.8	14	14

2. 西班牙繁殖母兔饲料配方 1

该饲料配方见表 6-42。

表 6-42　西班牙繁殖母兔饲料配方 1

饲料名称	比例（%）	饲料名称	比例（%）
苜蓿粉	48	硫酸镁	0.01
大麦	35	氯苯胍	0.08
豆饼	12	维生素 E	0.005
动物脂肪	2	二丁基羟甲苯（B 小时 T）	0.005
蛋氨酸	0.1	矿物质和维生素预混料	0.2
磷酸氢钙	2.3	食盐	0.3

注：营养水平：消化能 12 兆焦/千克，粗蛋白质 12.2%，粗纤维 14.7%，粗灰分 10.2%。

3. 西班牙繁殖母兔饲料配方 2

该饲料配方见表 6-43。

表 6-43 西班牙繁殖母兔饲料配方 2

饲料名称	比例（%）	饲料名称	比例（%）
苜蓿粉	92	食盐	0.1
动物脂肪	5	硫酸镁	0.01
蛋氨酸	0.17	氯苯胍	0.08
赖氨酸	0.17	维生素 E	0.01
精氨酸	0.12	B 小时 T	0.01
磷酸钠	2.2	矿物质和维生素预混料	0.2

注：营养水平：消化能 9.6 兆焦/千克，可消化粗蛋白质 10.5%，粗纤维 22.6%，粗灰分 13.6%。

4. 西班牙早期断奶兔饲料配方

该饲料配方见表 6-44。

表 6-44 西班牙早期断奶兔饲料配方

饲料名称	比例（%）	饲料名称	比例（%）
苜蓿粉	23.9	动物血浆	4.0
豆荚	7.7	猪油	2.5
甜菜渣	5.5	磷酸氢钙	0.42
葵花籽壳	5.0	碳酸钙	0.1
小麦	16.4	食盐	0.5
大麦	0.47	蛋氨酸	0.104
谷朊	10.0	苏氨酸	0.029
小麦麸	20.0	氯苯胍	0.10
sepiolite	2.8	矿物质和维生素预混料	0.50

注：营养水平：消化能 11.4 兆焦/千克，粗蛋白质 16.9%，ADF 20.9%，NDF37.5%，ADL 4.7%。

5. 原民主德国种兔及育肥兔饲料配方

该饲料配方及营养水-V-见表 6-45。

6. 德国长毛兔饲料配方

该饲料配方见表 6-46。

表 6-45　原民主德国种兔及育肥兔饲料配方

项　目	种　兔	育肥兔	备　注
饲料原料			添加剂成分：维生素
碎玉米（%）	7	10	A 20 000 国际单位，维
碎大麦（%）	20	10	生素 D_3 1000 国际单位，
小麦麸（%）	15	10	维生素 E 40 毫克，维生
燕麦粉（%）	20	20	素 K_3 20 毫克，维生素
草　粉（%）	10	10	B_1 2 毫克，维生素 B_2 4
黄豆粉（%）	10	24	毫克，维生素 B_6 4 毫
亚麻籽（%）	8	6	克，烟酸 20 毫克，泛
糖　蜜（%）	3	3	酸 20 毫克，维生素 B_{12}
矿物质混合物（%）	2	2	0.02 毫克，Zoalon 80
添加剂（%）	2	1	毫克，Nifex D 120 毫
营养水平			克，填充料小麦粉
代谢能（兆焦/千克）	11.10	11.93	74.45%
可消化蛋白质（%）	14	17	
粗纤维（%）	13	13	
粗脂肪（%）	3	3.7	

表 6-46　德国长毛兔饲料配方

饲料名称	比例（%）	饲料名称	比例（%）
青干草粉	28.85	肉粉	7.00
玉米	6.00	大豆油	0.53
小麦	10.00	啤酒糟酵母	1.0
麸皮	4.70	石榴皮碱	2.50
大豆	10.20	蛋氨酸	0.40
块茎渣	7.0	食盐	0.50
麦芽	19.20	微量元素	0.70
糖浆	1.52		

7. 美国专业兔场饲料配方

该饲料配方见表 6-47。

8. 原苏联肉兔颗粒饲料配方

该饲料配方见表 6-48。

表 6-47　美国专业兔场饲料配方（％）

饲料名称	育成兔 （0.5～4 千克）	空怀兔	妊娠兔	泌乳兔
苜蓿干草	50	—	50	40
三叶草干草	—	70	—	—
玉米	23.5	—	—	—
大麦	11	—	—	—
燕麦	—	29.5	45.5	—
小麦	—	—	—	25
高粱	—	—	—	22.5
麸皮	5	—	—	—
大豆饼	10	—	4	12
食盐	0.5	0.5	0.5	0.5

　　注：美国 30～136 日龄兔全价颗粒料配方是：草粉 30％，新鲜燕麦（或玉米）19％，新鲜大麦（或新鲜玉米）19％，小麦麸 15％，葵花籽饼渣 13％，鱼粉 2％，食盐 0.5％，水解酵母 1％，骨粉 0.5％。

表 6-48　原苏联肉兔颗粒饲料配方

饲料种类	性成熟前后 备公母用	怀孕和泌乳期母兔、肥育期幼兔及公母兔用		
		配方 1	配方 2	配方 3
苜蓿粉	40	30	40	30
燕麦	—	20	—	10
大麦	45	20	30	6
豌豆	2	8	8	35
小麦麸皮	7	12	5	18
葵花籽粕	1	5	10	—
干脱脂乳	—	2	—	—
饲料酵母	0.1	0.5	2	—
骨肉粉	0.1	1	1.4	—
鱼粉	—	1	—	—
食盐	0.3	0.5	0.3	0.3
糖蜜	3.7	—	2.5	—
白垩	—	—	—	0.5
磷酸三钙	0.8	—	0.8	—
可消化蛋白质	9.42	14.23	13.52	14.22
粗纤维	12.86	11.35	12.07	11.04
钙	0.32	0.81	0.40	0.70
每千克含胡萝卜素	100	750	100	75

9. 俄罗斯皮用兔饲料配方

该饲料配方及营养水平见表6-49。

表6-49　俄罗斯皮用兔饲料配方

饲料名称	比例（%）	营养成分	含　　量
草粉	30	代谢能（兆焦/千克）	9.6
玉米	15	粗蛋白质（%）	16.2
小麦	21	粗纤维（%）	12.0
磷酸盐	0.5	粗脂肪（%）	3.1
食盐	0.5	钙（%）	0.68
燕麦	10	磷（%）	0.56
小麦麸	11		
葵花籽饼	10		
沸石	2		

注：饲喂效果：90～150日龄，日增重20.1克，料重比7.1，优质皮比例显著提高。

10. 希腊公兔饲料配方

该饲料配方见表6-50。

表6-50　意大利生长兔饲料配方

饲料名称	比例（%）	饲料名称	比例（%）
苜蓿粉	32.5	赖氨酸	0.2
麦秸	2	蛋氨酸	0.1
玉米	48.5	磷酸钙	0.5
豆饼	5	食盐	0.6
葵花籽饼	9	矿物质和维生素预混料	1.6

注：营养水平：消化能12.7兆焦/千克，粗蛋白质14.5%，粗纤维9%，粗脂肪2.6%。

11. 巴西生长兔饲料配方

该饲料配方见表6-51。

表 6-51 巴西生长兔饲料配方

饲料名称	比例（%）	营养成分	含量
草粉	32	消化能（兆焦/千克）	18.5
玉米	30.71	粗蛋白质（%）	21.88
小麦麸	15.4	粗纤维（%）	11.7
豆饼	30.71	粗灰分（%）	7.37
肉骨粉	6	钙（%）	1.3
食盐	0.4	磷（%）	0.95
矿物质和维生素预混料	0.2		

注：32～72 日龄时日增重 33.35 克，料重比 3.4。

七、兔群饲养管理技术

目标
- 了解各类家兔饲养管理要点
- 掌握常规管理操作技术

养兔要想取得较好的经济效益，必须根据家兔的生物学特点、生活习性及不同生理阶段的特性，采取不同的饲养和管理方式。科学的饲养管理是科学养兔的重要内容。

（一）种公兔的饲养管理

俗话说："公兔好好一群，母兔好好一窝。"说明公兔质量的好坏决定着整个兔群的质量。

种公兔的要求：品种特征明显，健康，体质结实（图7-1），两个睾丸大而匀称（图7-2），精液品质优良，配种受胎率高。

1. 种公兔的培育

应该从优秀的父母后代中选留种公兔。其父代要求体型大，生长速度快，被毛性状优秀（毛兔、皮兔）。由于睾丸的大小与家兔的生精能力呈正相关，因此选留睾丸大而且匀称的公兔可以提高精液的品质和射精量，从而提高受精率。公兔的性欲也可以通过选择而提高。预留公兔选育强度一般要求在10%以内。

公兔饲料要求营养全面，营养水平适中。切忌用低

图 7-1　品种特征明显，头宽大，胆大

图 7-2　公兔睾丸大而一致

营养水平的饲粮饲养，否则易造成"草腹兔"，影响日后配种。饲养方式以自由采食为宜，但要防止公兔过胖。

公兔的笼位要适当大一些，可以增加运动量。3 月龄以上的公兔要与母兔分开饲养，以防早配、滥配。

规模兔场严禁使用未经选育的公兔参加配种。

2. 饲养技术

非配种期公兔需要恢复体力，保持适当的膘情，不宜过肥、过瘦，需要中等营养水平的饲料，20%限制饲喂，添喂青绿多汁饲料。

配种期公兔饲料保持中等能量水平，保持在10.46兆焦/千克，不能过高或过低。能量过高，易造成公兔过肥，性欲减退，配种能力差；能量过低，公兔过瘦，精液产量少，配种能力差、效率低。

蛋白质数量、质量影响公兔的性欲、射精量、精液品质等。因此，公兔饲料粗蛋白质水平必须保持在17%。为了提高饲料蛋白品质，要适当添加动物性蛋白质饲料。

由于精子的形成需要较长的时间，因此营养物质的添补要及早进行，一般配种前20天开始。

维生素、矿物质对公兔的精液品质影响巨大，尤其是维生素A、维生素E、钙、磷等。饲料中的维生素A易受高温、光照的破坏，因此要适当多添加一些。

3. 管理技术

成年公兔应单笼饲养，笼子要比母兔笼稍大，以利运动。建议规模兔场建设种公兔专用兔舍，内设取暖、降温和通风等设备。全场种公兔集中饲养，公兔舍要保持通风良好、采光好，温度、湿度适宜。种兔笼以单层笼为宜，笼地以竹板或塑料为宜（图7-3）。产毛兔要适当缩短养毛期。毛兔被毛过长会使射精量减少，品质下降，畸形精子（主要是精子头部异常）比率加大。

图7-3 种公兔专用舍，单层笼饲养

公兔初配年龄以体重达到成年体重的75%为宜。一般在7~8月龄进行第一次配种。

▶ 使用年限

一般从开始配种算起，利用年限为 2 年，特别优秀的利年限可达 3~4 年。

▶ 配种频度

初次配种公兔：实行隔天配种法，也就是交配一次，休息 1 天。青年公兔：每天配种 1 次，连续 2 天休息 1 天。成年公兔：1 天可交配 2 次，连续 2 天休息 1 天。长期不参加配种的公兔开始配种时，头一两次交配多为无效配种，应采取双重交配。

注意事项：生产中存在饲养人员对配种能力强的公兔过度使用的现象，久而久之会导致优秀公兔性功能衰退，有的造成不可逆衰退，应引起注意。

▶ 公母兔比例

自然交配时 1 只成年公兔可配 8 ~ 10 只母兔。种公兔群中，壮年公兔占 60%、青年公兔占 30%、老年公兔占 10%。人工授精时 1 只公兔可配 50 ~ 100 只母兔。

▶ 消除"夏季不育"①方法

（1）给公兔营造一个免受高温侵袭的环境，如饲养在安装空调的兔舍或在凉爽通风的地下室。

（2）使用一些抗热应激制剂。例如，每 100 千克种兔饲粮中添加 10 克维生素 C 粉，可增强繁殖用公、母兔的抗热能力，提高受胎率和增加产仔数。

（3）可以通过精液品质检查、配种受胎率测定，选留抗热应激能力强的公兔。

▶ 缩短"秋季不孕"②期

（1）增加公兔的饲料营养水平（如蛋白质、矿物质、维生素）。蛋白质增加到 18%，维生素 E 达 60 毫克 / 千克，硒达 0.35 毫克 / 千克和维生素 A 达12 000 国际单位 / 千克，可以明显缩短恢复期。

（2）使用兔专用抗热应激制剂。

①炎热的季节，当气温连续超过 30℃以上时，公兔睾丸萎缩，曲细精管萎缩变性，会暂时失去产生精子的能力。此时配种不易受胎，称之为"夏季不育"。

②生产中发现兔群在秋季配种受胎率不高，目前一致的看法是高温季节对公兔睾丸的破坏，恢复要 1.5~2 个月，且恢复时间的长短与高温的强度、时间呈正相关。

> ① 空怀期是指母兔从仔兔断奶到再次配种怀孕的这一段时期，又称休养期。

➤ 健康检查

经常检查公兔生殖器官，如发现梅毒、疥癣、外生殖炎等疾病，应立即停止配种，隔离治疗。

（二）空怀期①母兔的饲养管理

空怀母兔由于哺乳期消耗了大量的养分，体质瘦弱，这一时期的主要饲养任务是恢复膘情，调整体况。管理的主要任务是防止过肥或过瘦。

1. 饲养技术

空怀母兔达到七八成膘情为宜。

对过瘦的母兔适当增加饲喂量（必要时可以采取近似自由采食的方式），有青草季节，加喂青绿饲料；冬季加喂多汁饲料，使其尽快恢复膘情。

➤ 集中补饲法

在我国广大农村以粗饲料为主的兔群，为了提高母兔的繁殖性能，以下几个时期进行适当补饲：交配前1周（确保其准备最大数量的受精卵子）、交配后1周（减少早期胚胎死亡的危险）、妊娠末期（胎儿增重的90%发生在这个时期）和分娩后3周（确保母兔泌乳量，保证仔兔最佳的生长发育）。每天补饲50~100克精饲料。

➤ 限食技术

兔群中过胖、过肥的母兔和公兔会严重影响繁殖，必须进行减膘。限制采食是最有效的方法，有以下几种形式。

（1）减少饲喂量或每天减少一次饲喂次数。

（2）限制家兔饮水，从而达到限食的目的。每天只允许家兔接近饮水10分钟，成年兔采食颗粒饲料降低25%，高温情况下限食效果尤为明显。

长期不发情母兔的处理

对于非器质性疾病而不发情的母兔，采取的措施有：①异性诱情；②人工催情；③使用催情散[1]，每天每只10克拌入料中，连喂7天。

2. 管理技术

空怀母兔一般为单笼饲养，也可群养。但是必须观察其发情情况，掌握发情症状，适时配种。

空怀期长短与母兔体况恢复的快慢有关，过于消瘦的个体可以适当延长空怀期。一味追求繁殖胎数，往往会适得其反。

对于不易受胎的母兔，可以通过摸胎的方式检查子宫是否有脓肿，子宫脓肿的母兔要及时淘汰处理。

（三）怀孕期[2]母兔的饲养管理

1. 饲养技术

怀孕母兔的营养需要在很大程度上取决于母兔所处妊娠阶段。

怀孕前期的饲养

母兔怀孕前期（最初的3周），母体器官及胎儿组织增长很慢，胎儿增重仅占整个胚胎期的10%左右，所需营养物质不多，一般这个时期采取限食方式。如果体况过肥或采食过量，会导致母兔在产仔期死亡率提高，而且抑制泌乳早期的自由采食量。但要注意饲料质量，营养要均衡。

妊娠前期按常规饲喂量进行，一般颗粒料饲喂量200克/天左右。

怀孕后期的饲养

怀孕后期（21~31天），胎儿和胎盘生长迅速，胎儿增加的重量相当于初生重的90%。此时母兔需要的营养

[1]催情散的组成：淫羊藿19.5%、阳起石19%、当归12.5%、香附15%、益母草34%。

[2]母兔自交配受胎到分娩产仔这段时间称为怀孕期。正常怀孕期是30~31天。

245

也多，饲养水平应为空怀母兔的 1 ~ 1.5 倍。母兔腹腔因胎儿的占位，饲料采食量下降。因此，应适当提高营养水平，以弥补因采食量下降导致营养摄取量不足。

在妊娠的最后 1 周，母兔动用体内储备的能量来满足胎儿生长的绝大部分能量需要。据估计，妊娠晚期的平均需要量相当于维持需要量。

妊娠后期可以适当增加饲喂量，也可采取自由采食方式。

▶ 妊娠临近的饲养

在母兔妊娠最后 1 周，增喂易消化、营养价值高的饲料，以避免其绝食，防止妊娠毒血症的发生（图 7-4）。但要注意，妊娠期的饲料能量不宜过高；否则，对繁殖不利，不仅减少产仔数，还可导致乳腺内脂肪沉积，产后泌乳量减少。

图 7-4　妊娠毒血症：软瘫，不能行走（任克良）

2. 管理技术

▶ 保胎防流产

流产一般发生在妊娠后 15 ~ 25 天，尤其以 25 天左右多发。引起流产的原因有多种，如惊吓、挤压、不正确的摸胎、食入霉变饲料或冰冻饲料、疾病等都可引起流产，应针对不同原因，采取相应的预防措施。

做好接产准备

一般在产仔前 3 天把消毒好的产仔箱放入母兔笼内，垫上刨花或柔软垫草。母兔在产前 1~2 天要拉毛做窝。据观察，母兔产仔窝修得愈早，哺乳性能愈好。对于不拉毛的母兔，应在产前或产后进行人工辅助拔毛，以刺激乳房泌乳（图 7-5 至图 7-9）。

分娩

母兔分娩多在黎明。一般产仔很顺利，每 2~3 分钟产 1 只，15~30 分钟产完。个别母兔产几只后休息一会儿。有的甚至会延长至第 2 天再产，这种情况多数是由于产仔时受惊所致，因此产仔过程要保持安静。严寒季

图 7-5　对产箱进行消毒

图 7-6　产箱内使用的刨花

图 7-7　产箱内放置刨花

图 7-8　临产母兔拉毛做窝

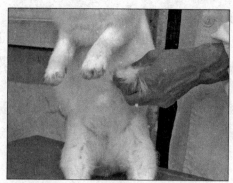

图7-9 人工辅助拔毛（任克良）

节要有人值班，对产到箱外的仔兔要及时放到箱内保温。母兔产后及时取出产箱，清点产仔数，称量初生窝重，剔除死胎、畸形胎、弱胎和沾有血迹的垫料。

　　母兔分娩后，由于失水、失血过多，精神疲惫，口渴饥饿；因此应准备好淡盐水或糖盐水，同时保持环境安静，让其休息好。

▶ 产后管理

　　产后1~2天内，母兔由于食入胎盘、胎衣，消化功能较差，因此应饲喂易消化的饲料。

　　母兔分娩1周内，应服用抗菌药物，以预防乳腺炎和仔兔黄尿病，促进仔兔生长发育。

▶ 诱导分娩技术

　　目的：生产实践中，50%以上的母兔在夜间分娩。在冬季，尤其对那些初产和母性差的母兔，若产后得不到及时护理，仔兔易产在窝外，冻死、饿死或掉到粪板上死亡，影响仔兔成活率。采取诱导分娩技术，可让母兔定时分娩，提高仔兔成活率。

　　具体方法：将妊娠30天以上（包括30天）的母兔，放置在桌子上或平坦处，用拇指和食指一小撮一小撮地拔下乳头周围的被毛（图7-10）。然后将其放到事先准备好的产箱里，让出生3~8日龄的其他窝仔兔（5~6

只）吮奶 3~5 分钟（图 7-11）。再将其放入产箱里，一般 3 分钟左右后开始分娩（图 7-12）。

图 7-10　人工拔毛

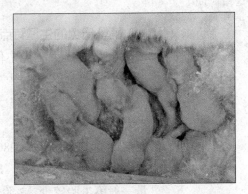

图 7-11　让仔兔吮吸乳头 3~5 分钟

图 7-12　产　仔（任克良）

➤ 人工催产

方法：对妊娠 30 天还不分娩的母兔，先用普鲁卡因注射液 2 毫升在其阴部周围注射，使产门松开；再用催产素 1 支（2 国际单位）在后腿内侧做肌内注射。这样几分钟后仔兔即可全部产出。人工催产不同于正常分娩，母兔往往不去舔食产出仔兔的胎膜，仔兔会出现窒息性假死，如果不及时抢救，会导致死亡。因此，仔兔产出后要及时清除胎膜、污毛、血毛，用垫草盖好仔兔，并给母兔喂些青绿饲料和饮水。

（四）哺乳母兔^①的饲养管理

1. 哺乳母兔的生理特点

哺乳母兔是兔一生中代谢能力最强、营养需要量最多的一个生理阶段。从图 7-13 母兔泌乳曲线可知，母兔产仔后即开始泌乳，前 3 天泌乳量较少，为 90 ~ 125 毫升/天。随泌乳期的延长，泌乳量逐渐增加，第 18 ~ 21 天泌乳量达到高峰，为 280~290 毫升/天；21 天后缓慢下降，30 天后迅速下降。母兔的泌乳量和胎次有关，泌乳量一般第 1 胎较少，2 胎以后渐增，3~5 胎较多，10 胎前相对稳定，12 胎后明显下降。

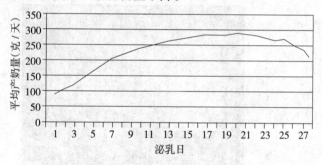

图 7-13　杂种母兔在不同泌乳阶段的产奶量

从表 7-1 可知，兔乳中含干物质 26.4%、脂肪 12.2%、蛋白质 10.4%、乳糖 1.8%、灰分 2%、能量7.531 兆焦/千克。与其他动物相比，兔乳除乳糖含量不太高外，干物质、脂肪、蛋白质和灰分含量均很高。因此，生产中试图用其他动物乳汁替代兔乳，往往不能取得预期的效果。营养丰富的兔乳为仔兔的快速生长提供了丰富的营养物质，同时母兔必须要从饲料中获得充足的营养物质，以满足泌乳的需要。

表 7-1　各种动物乳的成分及其含量

种　类	水分（％）	脂肪（％）	蛋白质（％）	乳糖（％）	灰分（％）	能量（兆焦/千克）
牛　乳	87.8	3.5	3.1	4.9	0.7	2.929
山羊乳	88.0	3.5	3.1	4.6	0.8	2.887
水牛乳	76.8	12.6	6.0	3.7	0.9	6.945
绵羊乳	78.2	10.4	6.8	3.7	0.9	6.276
马　乳	89.4	1.6	2.4	6.1	0.5	2.218
驴　乳	90.3	1.3	1.8	6.2	0.4	1.966
猪　乳	80.4	7.9	5.9	4.9	0.9	5.314
兔　乳	73.6	12.2	10.4	1.8	2.0	7.531

2. 饲养技术

从哺乳母兔的泌乳规律可知，产仔后前 3 天，泌乳量较少，同时母兔体质较弱，消化机能尚未恢复，因此饲喂量不宜太多，所提供的饲料要求易消化、营养丰富。

从第 3 天开始，要逐步增加饲喂量，到 18 天之后饲喂要接近自由采食。据笔者观察，家兔采食饱颗粒饲料之后，具有再摄入多量青绿多汁饲料的能力。因此饲喂颗粒饲料后，还可饲喂给青绿饲料（夏季）或多汁饲料（冬季）。这样母兔可以分泌大量的乳汁，达到母壮仔肥的效果。

哺乳母兔饲料中粗蛋白质应达到 16%~18%，能量达到 11.7 兆焦/千克，钙、磷也要达到 0.8% 和 0.5%。最近研究表明，采食过量的钙（>4%）或磷（>1.9%）会导致繁殖能力显著变化，发生多产性或增加死胎率，因此要避免钙磷过量。

初产母兔的采食能力有限，因而在泌乳期间其体内的能量储备很容易出现大幅度降低（-20%）。因此，它们很容易由于失重过多而变得太瘦。如果不给它们休息的时间，较差的体况会影响到未来的繁殖能力。

哺乳母兔必须保证充足的饮水供应。

▶ 母兔泌乳量和乳汁质量的检查

母兔泌乳量和乳汁质量可以通过仔兔的表现而反映出来。若仔兔腹部胀圆，肤色红润光亮，安睡少动（图7-14）则表明母兔泌乳能力强；若仔兔腹部空瘪，肤色灰暗无光，用手触摸，其头向上乱抓乱爬，并发出"吱吱"叫声则表明母兔无乳或有乳不哺。若无乳，可进行人工哺乳；若有乳不哺，可进行人工强制哺乳。

图7-14　仔兔肤色红润光亮

▶ 人工催乳

对于乳汁少的母兔，可采取人工催乳的方法使仔兔吃足奶。

▶ 人工辅助哺乳

对于有奶但不愿自动哺育仔兔或在巢箱内排尿、排粪或有食仔恶癖的母兔，必须实行人工辅助哺乳。方法是将母兔与仔兔隔开饲养，定时将母兔捉进巢箱内，用右手抓住母兔颈部皮肤，左手轻轻按住母兔的臀部，让仔兔吃奶（图7-15）。如此反复数天，直至母兔习惯为止。一般每天喂乳2次，早晚各1次。

▶ 如何通乳

若乳汁浓稠，阻塞乳管，仔兔吸允困难，可进行通

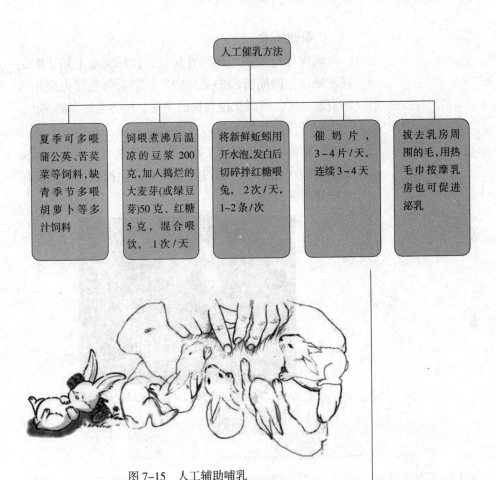

图7-15　人工辅助哺乳

乳，方法有：①用热毛巾（45℃）按摩乳房，10～15分/次；②将新鲜蚯蚓用开水泡，发白后切碎拌红糖喂兔；③减少或停喂混合精饲料，多喂多汁饲料，保证饮水。

如何收乳

如果产仔太少或全窝仔兔死亡又找不到寄养的仔兔，且乳汁分泌量大时可实施收乳，具体方法：①减少或停喂精饲料或颗粒饲料，少喂青绿多汁饲料，多喂干草；②饮2%～2.5%的冷盐水；③干大麦芽50克，炒黄饲喂或煮水喝。

3.管理技术

确保母兔健康，预防乳房炎，让仔兔吃上奶、吃足奶，是这一时期管理的重要内容。产后母兔笼内应用火焰消毒一次，可以烧掉飞扬的兔毛，预防毛球病的发生。

有条件的兔场采取母仔分离饲养法。对于内置式活动产仔箱的，可采取图7-16所示方法进行；对品字形兔笼内置的产仔箱，可通过每天定时开启插板的方式实施母仔分离饲养法。

图7-16 有插板的产箱（可以实现母仔分离饲养）

```
                    母仔分离饲养法
```

| 优点：提高仔兔成活率；母兔休息好，有利于下次配种；可以在气温过低、过高的环境下产仔 | 具体方法：待初生仔兔吃完第一次母乳后，把产箱连同仔兔一起移到温度适宜、安全的房间。以后每天早晚将产箱及仔兔放入原母兔笼，让母兔喂奶半个小时，再将仔兔搬出 | 注意事项：①对护仔性强或不喜欢人动仔兔的母兔，不要勉强采用此法；②产箱要有标记，防止错拿仔兔，导致母兔咬死仔兔；③放置产箱的地方要有防鼠害设施，通风良好 |

▶ 母兔乳房炎的预防措施

母兔一旦患乳房炎，轻则仔兔染黄尿病死亡，重者母兔失去种用功能。乳房炎的发生多由饲养管理不当引起，常见的原因有：①母兔奶量过多，仔兔吃不完的奶滞留于乳房内。②母兔带仔过多，母乳分泌少，仔兔吸破乳头感染细菌所致。③刺、钉等锋利物刺破乳房而感染。针对以上原因，可采取寄养、催乳、清除舍内尖锐物等措施，预防乳房炎的发生。产后 3 天内，每天喂给母兔复方新诺明、苏打各 1 片，对预防乳房炎有明显效果。若群体发病率高，可注射葡萄球菌菌苗每年 2 次。

图 7-17　覆盖仔兔的保温垫

（五）仔兔①的饲养管理

1. 仔兔的生长发育特点

（1）仔兔出生时裸体无毛，体温调节机能还不健全，一般产后 10 天才能保持体温恒定。炎热季节巢箱内闷热仔兔易中暑、冬季易冻死。初生仔兔最适的环境温度为 30~32℃，覆盖仔兔的保温垫见图 7-17。

（2）视觉、听觉未发育完全。仔兔生后闭眼、耳孔封闭，整天吃奶睡觉。生后 8 天耳孔张开，11~12 天眼睛睁开。

（3）生长发育快。仔兔初生重 40~65 克。在正常情况下，生后 7 天体重增加 1 倍，10 天增加 2 倍，30 天增加 10 倍，30 天后亦保持较高的生长速度。因此，对营养物质要求较高。

2. 仔兔饲养技术

仔兔早吃奶、吃足奶是这一时期的中心工作。

初乳②营养丰富，富含免疫球蛋白，适合仔兔生长快、消化能力弱、抗病力差的特点，并且能促进胎粪排

①出生到断奶的小兔称为仔兔。

②初乳是指母兔分娩后前 3 天所产的奶。初乳富含高蛋白质、高能量、多种维生素及镁盐等。

出，所以必须让仔兔早吃奶、吃足奶。

母性强的母兔一般边产仔边哺乳，但有些母兔尤其是初产母兔产后不喂仔兔。仔兔生后5~6小时内，要检查吃奶情况，对有乳不喂的要采取强制哺乳措施。

在自然界，仔兔每天仅被哺乳1次，通常在凌晨进行。整个哺乳可在3~5分钟内完成，仔兔可吸吮相当于自身体重30%左右的乳汁。仔兔连续2天，最多连续3天吃不到乳汁就会死亡。

▶ 补料技术

仔兔3周后从母兔乳汁仅获取55%的能量，同时母兔将饲料转化为乳汁喂给仔兔，营养成分要损失20%~30%。因此3周龄后给仔兔进行补料，既有必要，从经济观点来看也是合算的。

```
        补料技术
```

| 补料目的：①满足仔兔营养需要；②锻炼仔兔肠胃消化功能，使仔兔安全渡过断奶关 | 补饲料的营养成分：消化能11.3~12.54兆焦/千克、粗蛋白质20%、粗纤维8%~10%，加入适量酵母粉、酶制剂、生长促进剂、抗生素添加剂、抗球虫药等。补饲料的颗粒要适当小些或加工成膨化饲料 | 补饲方法：①补饲要从16日龄开始；②饲喂量从每只4~5克/天逐渐增加到20~30克/天，每天饲喂4~5次，补饲后及时把饲槽拿走；③补料最好设置小隔栏，使仔兔能进去吃食而母兔吃不到；也可以仔兔与母兔分笼饲养，仔兔单独补饲 |

▶ 人工哺乳技术

母兔死亡，仔兔又找不到可寄养的母兔时可采取人工哺乳方法（图7-18）。

3. 仔兔管理技术

检查初生仔兔是否吃上初乳，以后每天应检查母兔哺乳情况。对于吊奶①的要及时把仔兔放回巢箱内。

①仔兔哺乳时将乳头叼得很紧，哺乳完毕后母兔跳出产箱时有时会将仔兔带出产箱外，但又无力叼回，称为吊奶。

```
                    ┌─────────────┐
                    │  人工哺乳技术  │
                    └──────┬──────┘
        ┌──────────────────┼──────────────────┐
        ▼                  ▼                  ▼
```

| 仔兔出生后，如果母兔无奶、生病，甚至死亡；或产仔过多且无保姆兔时，可采取人工哺乳措施 | 方法：用鲜牛（羊）奶，100毫升中加食盐1克，煮沸消毒后再加入鱼肝油1～2毫升，冷却至37～38℃，装入已消毒的塑料眼药水瓶内（瓶口接上一段乳胶自行车气门芯），每天喂2～3次，仔兔吃饱为止。1～2周后可加入20%～30%的豆浆，每300～500毫升加入鲜鸡蛋1个，再加入适量的复合维生素B | 注意事项：①人工乳的浓度可视仔兔粪尿来确定。②人工哺乳器必须严格消毒，剩余乳汁喂给成兔或弃掉 |

▶ 寄养

一般情况下，母兔所哺乳仔兔数应与其乳头数一致。产仔少的母兔可为产仔多的、无奶或死亡的母兔代乳，称为寄养。

两窝合并，日龄差异不要超过2～3天。具体方法

图7-18　人工哺乳

是：首先将保姆兔拿出，把要寄养仔兔放入窝中心，盖上兔毛、垫草，2小时后将母兔放回笼内，这时应观察母兔对仔兔的态度。如发现母兔咬寄养仔兔，应迅速将寄

图7-19　对商品仔兔根据体重进行二次
　　　　分配（Dr.Sanclra.Eady）

图7-20　分配后的各窝仔兔
　　　　（Dr.Sanclra.Eady）

养仔兔移开。如果是初次寄养仔兔,最好用石蜡油、碘酒或清凉油涂在母兔鼻端,以扰乱母兔嗅觉,使寄养成功。

欧洲工厂化商品兔场,对同期分娩的所有仔兔根据体重重新分给母兔进行哺乳,这样可以使同窝仔兔生长发育均匀,提高成活率(图7-19、图7-20)。

```
              ┌─────────────┐
              │  断奶技术    │
              └──────┬──────┘
       ┌─────────────┼─────────────┐
       ▼             ▼             ▼
```

| 断奶时间:28~42天。与仔兔生长发育、气候和繁殖制度相关 | 断奶方法:①一次性断奶,全窝仔兔发育良好、整齐,母兔乳腺分泌机能急剧下降,或母兔接近临产,可采取同窝仔兔一次性全部断奶。②分批分期断奶:同窝仔兔发育不整齐,母兔体质健壮、乳汁较多时,可让健壮的仔兔先断乳,弱小者多哺乳数天,然后再离乳 | 原笼饲养法:原笼原窝仔兔一起饲养,饲喂原来的饲料。可以减少因饲料、环境、管理发生变化而引起的应激,减少消化道疾病的发生(图7-21) |

图7-21　原笼饲养的兔子

▶ **断奶方法**

仔兔生长到了一定日龄就应进行断奶。

4.仔兔伤亡因素及提高仔兔成活率的措施

▶ **仔兔伤亡因素**

引起仔兔伤亡的主要因素有饥饿、寒冷、兽害（主要鼠害等）、疾病（主要是黄尿病、脓毒败血症、支气管败血波氏杆菌病等）、被母兔残食和因管理不当从笼地板掉入粪沟等。

▶ **提高仔兔成活率的措施**

（1）加强母兔营养，提高母兔泌乳量，让仔兔吃足奶，达到母壮仔肥　早吃奶（初乳）、吃好奶是仔兔健康生长的基础。母兔泌乳量取决于泌乳天数、未断奶仔兔的数量、母兔的生理状态（是否受孕）和饲料采食量，因此增加母兔饲喂量可以提高泌乳量，增加仔兔体重和抗病力。选留母兔时在注重选择母兔产仔数的同时，要选择乳头数多的个体，这样有利于提高仔兔断奶前后的成活率。根据母兔泌乳量多少、产仔数等，采取催乳、调整哺乳仔兔数等措施，使仔兔吃足奶，增强仔兔抵抗力，提高成活率。

（2）防寒防暑　仔兔调节体温的能力不健全，冬天容易受冻而死，因此保温防冻是仔兔管理的重点。可采取提高舍温、增加巢箱垫草（垫草要理成浅碗底状，中间深、四周高）、采用母仔分离法（把巢箱放到温暖、安全的房间）等措施。受冻的仔兔立刻放入温水中（图7-22）急救。

夏天天气炎热，仔兔出生后裸体无毛，易被蚊虫叮咬。因此要将产箱放到安全处，并外罩纱网，定时哺乳。同时应弃去产箱内过多的垫草和兔毛，加强巢内通风、降温，防止过热蒸窝致死仔兔。

（3）预防疾病　仔兔易患黄尿病、脓毒败血症、大

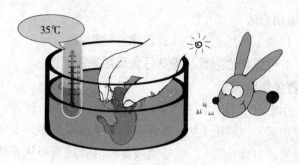

图7-22 受冻仔兔急救措施

肠杆菌病和支气管败血波氏杆菌病（15日龄以内）等疾病。最常见的黄尿病系由仔兔吸吮换乳腺炎母兔的乳汁所致，一般同窝全部发生或相继发生，仔兔粪稀如水，呈黄色、腥臭，患兔昏睡、全身发软，死亡率很高，有的全窝死亡。预防母兔乳房炎发生是杜绝本病的主要措施。一旦发生本病必须对母兔和仔兔同时治疗，给母兔肌内注射青霉素；仔兔口滴庆大霉素3～5滴，2～3次/天。做好兔舍保温、通风可以预防支气管败血波氏杆菌病、大肠杆菌病的发生。给母兔注射大肠杆菌、波氏杆菌和葡萄球菌疫苗等，可以有效预防仔兔感染上述疾病。

（4）加强管理，减少非正常致残和死亡　仔兔易被鼠类残食，因此兔场要做好灭鼠工作。兔舍与外界通道安装铁丝网，防止老鼠进入。仔兔也经常被母兔残食，给母兔提供均衡营养及充足饮水，并保持产仔时安静，可以有效防止食仔现象发生。有食仔恶癖的母兔应淘汰。

垫草中混有布条、棉线，易造成仔兔窒息或残肢，应引起注意。

开眼不全的处理：仔兔在生后12～15天开眼，此时要逐个检查。发现开眼不全的，可用药棉蘸温开水洗去封住眼睛的黏液，帮助仔兔开眼（图7-23）；否则，会形成大小眼或瞎眼。

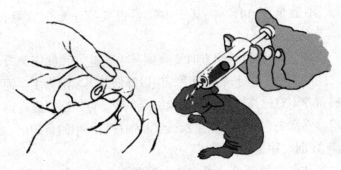

图 7-23　人工开眼

母兔配种要有记录，笼门上要挂有配种标志。预产期要有值班人员看管，及时将产到箱外的仔兔放回产箱。及时将吊奶兔放回箱内。

(5) 科学补料　给仔兔进行科学补料，可以满足仔兔快速生长的营养需求，同时刺激仔兔胃肠道的发育，使其安全渡过断奶关。

(6) 适时断奶　根据仔兔生长发育状况、均匀程度和繁殖制度，制订合适的断奶时间、方法。实践证明，断奶后采取原笼饲养法可以减少仔兔断奶后死亡率。

(六) 幼兔[①]的饲养管理

实践证明，幼兔是家兔一生中最难饲养的一个阶段。幼兔饲养成功与否关系到养兔的成败。做好幼兔饲养管理中的每个具体细节，才能养好幼兔。

1. 饲养技术

幼兔具有"生长发育快、消化能力差、贪食、抗病力差"等特点。高能量、高蛋白的饲粮虽然可以提高幼兔生长速度和饲料利用率，但是会增大健康风险。近年来，法国的 INRA 小组已经证实，饲粮中木质素 (ADL) 对食糜流通速度的重要作用及其防止腹泻的保护作用。因此，饲粮中不仅要有一定量的粗纤

①幼兔是指断奶到 3 个月龄的小兔。

维（不能低于 14%），其中木质素也要有一定的含量，推荐量为 5%。

设计幼兔饲料配方时要兼顾其生长速度和健康风险之间的关系。对于养兔新手，应以降低健康风险为主，饲料营养不宜过高；对于有经验的养兔者，可以适当提高饲粮营养水平，达到提高生长速度和饲料利用率的目的。

▶ 定时、定量、定质

幼兔食欲旺盛、易贪食，饲喂要少量多次，而且要严格遵循"定时、定量、定质"的原则（图 7-24）。幼兔饲粮配方的改变要有一个过渡期，这一点对幼兔尤为重要。

幼兔饲粮中可适当添加一些药物添加剂、复合酶制剂、益生元、益生素、低聚糖等，既可以防病，又能提高日增重。

▶ 幼兔饲喂青草、多汁饲料问题

关于饲喂青草的问题，目前主张幼兔要少喂青草或采取逐步增加青草饲喂量的方式，切忌突然大量饲喂青草，以免引起消化道疾病。含露水或水分高的青草应晾

图 7-24　幼兔食欲旺盛

晒后再喂。

在缺青的冬季用多汁饲料喂幼兔，要遵循由少逐渐增多的原则，同时最好在中午饲喂。切忌用冰冻多汁饲料喂兔。

目前我国幼兔饲养方式多数为群养或数只同笼饲养，因此必须给幼兔提供足够的采食面积（料盒长短、数量等），以防止个别强壮兔因采食过多饲料而引起消化道疾病。

2. 管理技术

(1) 过好断奶关　幼兔发病高峰多在断奶后 1~2 周，主要原因是断奶不当。正确的方法应当是根据仔兔发育情况、体质健壮情况，决定断奶日龄及采取一次性断奶还是分期断奶。无论采取何种断奶方式，都必须坚持"原笼饲养法"，做到饲料、环境、管理三不变。

(2) 合理分群　原笼饲养一段时间后，依据幼兔大小、强弱进行分群或分笼。每笼 3～5 只，每群 5～10只。

(3) 防止腹部着凉　幼兔腹部皮肤薄，十分容易着凉。因此，在寒冷季节，早晚要注意保持舍温，防止幼兔腹部受凉，以免引起腹泻或发生大肠杆菌病等。

(4) 增加运动　幼兔正处于生长发育旺盛的时期，有条件的情况下要增加室外运动，多晒太阳，促进新陈代谢。

(5) 做好预防性投药　球虫病是为害幼兔的主要疾病之一，因此幼兔饲粮中应添加氯苯胍、盐霉素、地克珠利或兔宝Ⅰ号等抗球虫病药物。饲料中加入一些洋葱、大蒜素等，对增强幼兔体质、预防其胃肠道疾病有良好作用。

(6) 做好疫苗注射工作　幼兔阶段须注射兔瘟、巴波二联苗、魏氏梭菌、大肠杆菌等疫苗，同时应搞好兔舍的清洁卫生，保证其干燥、清洁、通风。

（七）商品肉兔的育肥技术

对家兔进行快速育肥①已成为养兔生产中决定经济效益的重要一环，育肥技术随着兔业科学技术的进步而不断发展和完善。

1. 选择优良品种和杂交组合

2. 抓断奶体重

幼兔育肥效果与早期增重呈高度正相关。凡是断奶体重大的仔兔，育肥期增重就快，同时容易抵抗断奶、育肥过程的应激，成活率高；反之，断奶体重越小，断奶后越难养，育肥期增重越慢。因此，要提高母兔的泌乳力，调整好母兔哺育仔兔数，抓好仔兔补饲关。要求仔兔 30 天断奶体重：中型兔 500 克以上，大型兔和配套

①育肥就是短期内增加体内营养贮存，同时减少营养消耗，使家兔采食的营养物质除了维持必需的生命活动外，能大量贮积在体内，以形成更多的肌肉和脂肪。

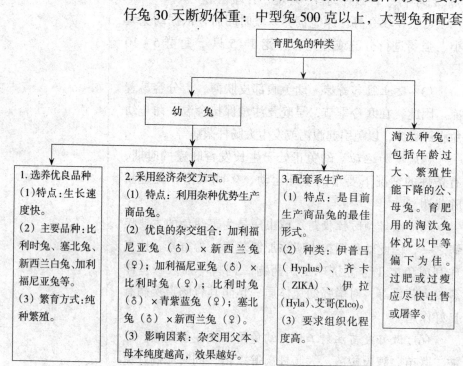

育肥兔的种类

幼 兔

1. 选养优良品种
(1)特点：生长速度快。
(2)主要品种：比利时兔、塞北兔、新西兰白兔、加利福尼亚兔等。
(3)繁育方式：纯种繁殖。

2. 采用经济杂交方式。
(1) 特点：利用杂种优势生产商品兔。
(2) 优良的杂交组合：加利福尼亚兔（♂）×新西兰兔（♀）；加利福尼亚兔（♂）×比利时兔（♀）；比利时兔（♂）×青紫蓝兔（♀）；塞北兔（♂）×新西兰兔（♀）。
(3) 影响因素：杂交用父本、母本纯度越高，效果越好。

3. 配套系生产
(1) 特点：是目前生产商品兔的最佳形式。
(2) 种类：伊普吕（Hyplus）、齐卡（ZIKA）、伊拉（Hyla）、艾哥(Elco)。
(3) 要求组织化程度高。

淘汰种兔：包括年龄过大、繁殖性能下降的公、母兔。育肥用的淘汰兔体况以中等偏下为佳。过肥或过瘦应尽快出售或屠宰。

系 600 克以上。

3. 过好断奶关

断奶兔直接进入育肥，容易引起疾病，甚至死亡。因此，要适时断奶，断奶后饲料、环境要相对恒定。如果断奶兔必须进入育肥笼，则最好小群饲养，切不可一兔一笼；或打破窝别和年龄，实行大群饲养。断奶后 1～2 周内应饲喂断奶前的饲料，以后慢慢过渡到育肥料，否则极易出现消化道疾病。

4. 控制好育肥环境

▶ 育肥笼的大小

育肥兔以笼养为宜，这样可减少寄生虫病、消化道病等的发生，有效提高育肥兔的成活率，同时提高育肥效果。育肥笼的面积一般为 0.5 米^2、0.25 米^2。在通风和温度良好的条件下，按 18 只／米^2 饲养；条件较差的以 12～15 只／米^2 为宜。

▶ 育肥环境

温度适宜，安静、黑暗或弱光的环境有利于育肥。适于育肥的环境温度以 25℃最佳，湿度为 60%～65%。采用全黑暗或每平方米 4 瓦的弱光，可促进育肥兔生长，改善育肥效果。

5. 狠抓饲料

▶ 营养水平

育肥用饲粮必须含有丰富的蛋白质、能量、适宜的粗纤维水平及其他营养成分。育肥饲粮推荐营养水平为：粗蛋白 16%～18%，粗纤维 12%左右，消化能 11.3～12.1 兆焦。为了提高育肥效果，可使用一些生长促进剂，如兔宝Ⅰ号等。

▶ 饲料形态

育肥饲粮以颗粒饲料为宜。

6. 限制饲喂与自由采食相结合，自由饮水

饲养方式一般有两样：一种是定时定量的限制饲喂法；另一种是自由采食法。对于幼兔，育肥前期以采用定时定量为宜，育肥后期以自由采食方式为宜。淘汰种兔可采用自由采食方式，供给充足的饮水。

7. 控制疾病

家兔育肥期易感染的主要疾病有球虫病、腹泻、巴氏杆菌病和兔瘟，因此做好这几种疾病的预防工作，是育肥成功的重要因素。育肥期间，一旦发现病兔，要及时隔离治疗。

8. 适时出栏

育肥期的长短因家兔品种、饲粮营养水平、环境等因素而异。一般来说，肉兔育肥从断奶至 3 月龄约 60 天。大型兔、配套系以最终体重达 2.5 千克确定育肥期。中型兔以体重达 2.25 千克为宜。淘汰兔以 30 天增重 1 ~ 1.5 千克为宜。

据德国报道，纯种兔屠宰体重一般为高品种成年体重的 60%，如果希望家兔更肥一些，也可提高到 70%。杂种兔的适宜屠宰体重，可以按下面的公式计算：

屠宰体重（千克）= 父本活重 × 0.4 + 母本活重 × 0.6

（八）商品獭兔的饲养管理

1. 饲养优良品系，开展杂交，利用杂种优势生产商品兔

目前生产獭兔皮有两条途径：一是优良纯系直接育肥，即选育优良的兔群，繁殖出大量的优良后代，生产优质兔皮；二是利用品系间杂交，生产优质獭兔皮。目前多采用以美系为母本、以德系或法系为父本进行经济

杂交；或以美系为母本，先以法系为第一父本进行杂交，杂种一代的母本再与德系公兔进行杂交，三元杂交后代直接育肥。这两种方法均优于纯繁。

2. 提高断奶重

加强哺乳母兔的饲养管理，调整母兔哺乳仔兔数，适时补料，使仔兔健康生长发育，提高生长速度，最终获得较高的断奶体重，增加次级毛囊数，从而提高被毛密度（图 7-25）。这对獭兔出栏体重、被毛质量具有良好的作用。一般要求仔兔 35 日龄体重达 600 克以上。

3. 营养水平前高后低

合格的商品獭兔不仅要有一定的体重和皮张面积，而且要求皮张质量即被毛的密度和皮板的成熟度良好。如果仅考虑体重和皮张面积，在良好的饲养条件下，一般 3.5~4 月龄即可达到一级皮的面积。但皮张厚度、韧性和强度不足，生产的皮张商用价值低。采用营养水平前高后低饲养模式，可节省饲料，降低饲养成本，而且生产的皮张质量好，皮下不会有多余的脂肪。

营养水平前高后低饲养模式：即断奶到 3 月龄提高

图 7-25 仔 兔（纪东平）

饲料营养水平，粗蛋白达 17%~18%，消化能为 11.3~11.72 兆焦/千克。目的是充分利用獭兔早期生长发育快的特点，发挥其生长的遗传潜力。据笔者试验，3 月龄前采用高能量、高蛋白饲料喂兔，獭兔 3 月龄体重平均可达 2.5 千克。4 月龄之后适当控制饲喂，一般有两种控制方法：一是控制质量，降低能量、蛋白质，如粗蛋白 16%，消化能为 10.46 兆焦/千克；二是控制饲喂量，饲喂量较前期降低 10%~20%，而饲料配方与前期相同。据笔者试验，5 月龄平均体重达 3.0 千克，而且皮张质量好。

对于饲养水平较低的兔群，在屠宰前进行短期育肥饲养，不仅有利于迅速增膘，而且有利于提高皮张质量。

4. 褪黑素在獭兔生产中的应用

褪黑素是由动物脑内松果体分泌的一种吲哚类激素，也称松果素、松果体素、褪黑激素等。化学成分为 3-N-乙酰基 -5- 甲氧基色胺。

为了探索褪黑素对獭兔皮毛质量的影响，笔者团队开展了为期 3 年的褪黑素在獭兔生产中的应用研究。试验结果表明，饲料中添加或皮下埋植一定量的褪黑素，可提高皮毛质量，毛皮提前 20 天成熟，经济效益显著增加。

5. 适时出栏、宰杀

出栏时间根据体重、皮毛质量、季节等而定。在正常情况下，5 月龄后体重达 2.75~3 千克，被毛平整，非换毛期，即可出栏、宰杀。

6. 加强管理

商品獭兔的管理工作应围绕如何获得优质、合格毛皮开展。

▶ 实行分小群饲养

断奶至 2.5~3 月龄的兔按大小强弱分群，每笼 3~5

只（笼面积约 0.5 米 ^{2}）。3 月龄以上兔必须单笼饲养（图
7–26）。

图 7–26　单笼饲养

➤ 兔舍、兔笼应保持清洁、干燥

尘土较大、空气污浊的场所不宜饲养商品獭兔。

➤ 定期消毒，进行健康检查

兔舍、兔笼要定期消毒，及时治疗严重损害兔皮质
量的毛癣菌病、兔痘、坏死杆菌病、疥螨病、兔虱病、
湿性皮炎、脓肿等。

（九）产毛兔的饲养管理

专门用于生产兔毛的长毛兔为产毛兔。虽然毛用种
兔也产毛，但其主要任务是繁殖，在饲养管理方面与产
毛兔有所区别。长毛兔饲养管理的目的是采用各种技术
手段获得大量、优质的兔毛。

1. 加强选种选配

兔毛产量和质量受遗传因素制约，纯种选育可以提
高群体产毛量。采取早期选择技术可选留高产个体。兔

场（户）应坚持生产性能测定，重视外形鉴定，选择优秀个体及其后代作为种兔，这是提高兔群兔毛产量和质量的主要措施之一。

长毛兔早期选留技术

据研究，长毛兔的产毛量与 19～21 周龄时的产毛量（即头胎毛后的第一茬毛）呈正相关（$r=0.83$），因此这时的剪毛量可以作为长毛兔的一项重要选种标准。而第一次剪毛量（即 6～8 周开始剪的毛）不能作为选种的依据，因为这时产毛量的育种值准确性不高，产毛量受母体的影响很大。

2. 高产品系改良低产品系

不同品种（系）间产毛量差异很大，用高产品种的公兔改良低产品种的母兔，可以提高兔毛产量和质量。例如，用高产长毛兔作为父本与低产长毛兔母本进行杂交，可使后代产毛量得到提高。

3. 提高群体母兔比例

母兔的产毛量一般比公兔高 25%~30%，因此要增加群体中母兔的比例，并将公兔去势，以提高群体产毛量。

4. 保证营养供给

丰富且均衡的营养有利于兔毛的生长。兔毛的基本成分是角蛋白，其中硫占 4% 左右（以胱氨酸形式存在）。因此，足量蛋白质和含硫氨基酸的供给是提高兔毛生长速度和产毛量的重要物质基础。毛兔饲粮中，粗蛋白质应占 17% 左右，含硫氨基酸含量不低于 0.6%。

试验证明，产毛兔不能调节日采食量，任其自由采食，采毛后的采食量可达 500 克，极易导致营养紊乱（如肠毒血症）。因此，建议两次采毛之间采用以下限制饲养方案。

第 1 月：每只兔每周 1 200 克。

第 2 月：每只兔每周 1 100 克。

第 3 月：每只兔每周 1 000 克。

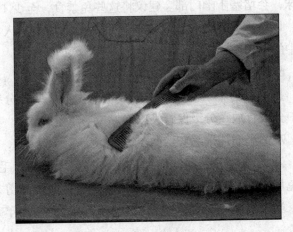

图 7-27　定期梳毛

每周的饲粮按每周 6 天（禁食一天）均匀分配。

5. 加强管理

单笼饲养是提高兔毛质量的前提。水泥板地面对毛兔较适宜。兔笼上要设草架，以防饲喂草料时落到兔体上。勤打扫、勤清洗、勤消毒，保持良好的清洁卫生，可减少毛被污染。另外，要定期梳理兔毛，以防缠结降低兔毛质量（图 7-27）。

产毛兔误摄入的毛多于肉兔，因此它可能发生胃毛球病（图 7-28），甚至引起死亡。兔摄取的毛在胃中聚集

图 7-28　兔胃内取出的毛球

成球,会堵塞于幽门部。建议将这些兔禁食,至少1周1次,以确保胃部的食糜清空,进而有效地减少摄入毛在胃中的累积。

6. 合理采毛

夏季以剪毛为主,冬季以拔毛为主。应坚持分级采毛、分级存放、分级保管,以确保兔毛质量。

7. 适当增加采毛次数

适当缩短养毛期,增加采毛次数可以提高产毛量。养兔场(户)应根据市场需求,确定剪毛间隔和剪毛次数。当市场对兔毛需求呈低档化时,可适当增加年采毛次数。

8. 加强母兔妊娠后期及哺乳期的饲养,增加毛囊密度

兔毛产量与兔毛密度密切相关,兔毛密度又取决于毛囊数。次级毛囊的分化主要在母兔妊娠后期及仔兔出生后早期,故加强母兔妊娠后期及哺乳期的饲养,加强仔兔的补饲,是增加毛囊数的重要措施。

9. 减少兔毛损耗

母兔分娩时,要将其腹部毛拉下筑窝,每年需要消耗绒毛50~120克。若将这部分毛收集起来,改用肉兔的毛或刨花垫窝,可减少兔毛损耗,增加产毛量。

10. 控制好环境温度

适宜的温度可以提高产毛量;相反,高温影响采食量,产毛量也随之下降。据测定,环境温度高于30℃时,与18℃时相比较,毛兔的产毛量下降幅度为14%,兔的采食量下降31%。

11. 采用催毛技术

(1)饲料中加入锌、锰、钴等微量元素可提高产毛量。据报道,每千克体重每天喂0.15毫克氧化锌和0.4毫克硫酸锰,毛生长速度可提高6.8%;若加入0.1毫克氧化锌,则可以提高11.3%。

(2) 据山西省农业科学院畜牧兽医研究所报道，在毛兔饲粮中加入兔宝Ⅲ号添加剂，产毛量可提高 18.6%，同时还有提高日增重、改善饲料报酬和降低发病率等作用。

(3) 据报道，饲粮中添加 0.03%~0.05%的稀土，不仅可提高产毛量 8.5%~9.4%，而且优质毛的比例可提高 43.44%~51.45%。

(4) 据法国研究报道，在炎热的 5 月给长毛兔植入褪黑激素（38 ~ 46 毫克 / 只），可使毛产量提高 31%，使夏季产毛量和秋季相同。褪黑激素是一种由大脑松果体分泌的激素，其分泌受光周期调节。繁殖和毛的生长因在不同季节存在差异，通过松果体调节褪黑激素可改变毛的生长。

（十）兔绒生产技术

兔毛分细毛、粗毛和两型毛三种类型。细毛又称兔绒，细度 12 ~ 14 微米，有明显弯曲，但弯曲不整齐，大小不一。细毛具有良好的理化特性，在毛纺工业中的纺织价值很高，用于生产高档服装面料。兔毛中细毛含量高低主要受品种、采毛方式等的影响，如德系长毛兔粗毛含量高于 95%，而法系长毛兔及我国培育的粗毛型长毛兔细毛含量 87% ~ 90%。采取拔毛方式会降低绒毛的含量。

一般情况下，兔绒价格较混合毛高 20%。为此，掌握兔绒生产技术，多产细毛，是提高毛兔生产效益的有效手段。

1. 兔绒的质量要求（表 7-2）

2. 兔绒生产

长毛兔被毛中粗毛生长速度较绒毛快，故粗毛一般

表7-2 兔绒的质量要求

项　　目	要　　求
细　　度	平均细度12.7微米左右，不能超过14微米，超过者要作降级降价处理
长　　度	一级兔绒为3.35厘米，二级兔绒为2.75厘米，三级兔绒为1.75厘米
粗毛含量	兔绒中粗毛含量应控制在1%以内
性　　状	兔绒应为纯白色，全松毛，不能带有缠结毛和杂质

突出于绒毛表面。生产时要用手仔细将粗毛拔净，越净越好，然后用剪毛方法将剩余兔绒采集下来。剪毛时，要绷紧兔皮，剪刀紧贴皮肤，一剪一步，循序渐进。剪毛顺序为背部、体两侧→头部、臀部、腿部→腹下部、四肢。边剪边将好毛与次毛分开。兔绒一般每隔70天生产一次。适于生产兔绒的兔只以青年兔、公兔为宜。粗毛型长毛兔、老年兔、母兔产仔期（腹毛增粗）等均不适宜生产兔绒。

3. 重复生产兔绒

生产兔绒时，可提前15～20天先将粗毛拔净，待粗毛毛根长至与绒毛剪刀口相平时，再剪绒毛。这样就解决了重复剪绒毛因粗毛高出绒毛不多而拔不净粗毛的困难，可多次重复生产质量高的绒毛。

(十一) 福利养兔技术

家兔福利就是让家兔在康乐的状态下生存，在无痛苦的状态下死亡。基本原则包括让动物享有不受饥渴的自由、生活舒适的自由、不受痛苦伤害的自由、生活无恐惧感和悲伤感的自由及表达天性的自由。

开展家兔福利养殖不仅让家兔在康乐状态下生存，

同时家兔的生产力得到充分提高，为人类提供大量的优质产品。开展福利养殖是兔业生产的重要方向之一。

福利养兔技术的内容很多，包括兔舍、兔笼的设计，饲料、饮水供应，兔病防控，运输和宰杀等。

目前，欧盟对家兔福利养殖的标准为每个商品兔饲养单元规格：2.5 米×2.0 米×0.8 米。跃层 1：2.5 米×0.4 米×0.25 米；跃层 2：2.5 米×0.4 米×0.30 米，面积为 7 米^2，饲养 50 只兔，有供家兔玩耍的圆筒和供家兔啃咬的木棒（或铁链）。种兔要求笼位面积 1 米^2，内设月台，供种兔休息（图 7-29 至图 7-32）。

笔者等（2015）进行福利养殖与笼养的比较试验结果表明，与笼养兔相比，福利养殖的肉兔肉质较鲜艳、

图 7-29　福利养殖（散养）

图 7-30　散养

图 7-31　福利养殖种兔（有月台）

图 7-32　福利种兔笼

嚼力较大，但发病死亡率较高。因此，要加强散养兔的日常管理，要勤观察，及时剔除患病兔，进行隔离治疗或淘汰。

（十二）宠物兔的饲养管理

1.饲养技术

宠物兔的生长速度相对来说不太重要，因此限制饲喂应作为饲养宠物兔的基本原则。保证充足、清洁的饮水。推荐营养水平为：粗蛋白质 12%～16%，粗纤维 14%～20%，ADF17%，脂肪 2.0%～5.0%，消化能 9.0～10.5 兆焦/千克，食盐 0.5%～1.0%。饲喂青绿多汁饲料时要逐步增加饲喂量。变换饲料要经过 7～10 天的过渡期。

2.管理技术

宠物兔宜饲养在庭院中安静的地方，以木制箱子为好，活动区应足够大，以便可以充分地伸展和跑动。加强运动，运动对宠物兔的生理和心理健康都十分重要。笼内放置木棒或在笼上悬挂铁链供兔磨牙或戏耍。做好兔窝的日常卫生清理工作。

（十三）兔群四季饲养管理

1.春季饲养管理

春季，气温逐渐升高，雨量少，阳光充足，空气干燥，青饲料相继开始供应，是家兔繁殖的最好时机。但此季节病原微生物开始活动，气候变化无常，是多种疾病的高发季节。

▶ **加强营养**

经过一个冬季的饲养，家兔身体比较瘦弱，同时又处于季节性换毛期。因此，应提高饲粮营养水平，粗蛋白水平不低于 16 %，添加多维或大麦芽。经过冬贮的胡萝卜，春季极易霉变，饲喂时应特别注意，以防家兔中毒。

▶ 抓好春繁

春季是家兔繁殖的黄金季节，应及早开始春繁，力争春繁两胎。

▶ 加强管理、搞好防疫

春季气温变化大，要保持舍温相对稳定，以防感冒、消化道疾病发生。

▶ 预防疾病

首先要预防兔瘟、大肠杆菌病、魏氏梭菌病等烈性传染病的发生；有针对性地进行投药，防治感冒、传染性口炎等。

2. 夏季饲养管理

夏季气温高、湿度大、降水多，对家兔极为不利。要使家兔安全度夏，应做好以下几方面工作。

▶ 改善环境条件，搞好防暑降温

遮阳避光、搞好通风是防暑降温的根本措施。兔舍周围可种植葡萄、果树或瓜类；或种植一些藤蔓植物，如丝瓜、葡萄、吊瓜、苦瓜等。室外养兔可搭建凉棚，以遮阳防暑。室内兔舍要加强通风。同时每天清洗过道和粪沟，在兔舍地面洒冷水。

▶ 合理饲养

高温易导致兔食欲下降，因此饲粮中应减少能量饲料、增加蛋白质饲料，同时饲料适口性要好，多喂青绿饲料。应注意饲料卫生，防止病从口入。

▶ 改进饲喂方法

天气炎热，家兔白天采食量少，饲喂应遵循"早餐早，午餐精而少，晚餐喂得饱，半夜加喂草"的原则。

▶ **供足饮水**

对储水箱、水管、饮水器要经常清洗、消毒。

▶ **降低饲养密度**

断奶幼兔的密度不宜过大。产箱内垫草不宜太多。

▶ **缩短夏季不育期**

为了减少或缩短夏季不育期，入夏后，有条件者可将公兔放到凉爽、通风的地方饲养。这样有利于种公兔的健康和保持良好的精液品质，提高配种受胎率。

▶ **搞好卫生**

笼舍每天都要清扫，用3%～5%来苏儿定期喷洒消毒兔笼，食槽定期用0.1%高锰酸钾水溶液清洗。

▶ **预防性投药**

夏季家兔消化道疾病、球虫病的发病率高，在饲料中拌入兔宝Ⅰ号、0.01%～0.02%碘溶液或适量大蒜、洋葱等，可减少消化道疾病的发生。

3. 秋季饲养管理

秋季秋高气爽、气候干燥、饲料充足，是家兔繁殖及生长的好季节。

▶ **抓好秋繁**

关键要在提高受胎率上下工夫，该期受胎率仅为30%～60%，主要原因是公兔精液品质不良和母兔发情不正常。为此，种兔饲粮除保证优质青饲料的供给外，还应提高蛋白质的数量和品质。公兔饲粮中应添加动物性蛋白饲料，以迅速改善精液品质。同时应注意补充光照，实行重复配种，及早进行妊娠诊断，及时补配。

▶ **预防疫病**

每年秋季应注射一次兔瘟、巴氏杆菌、波氏杆菌、魏氏梭菌等疫苗。秋季昼夜温差大，易诱发感冒、肠炎等疾病，要做好保温工作。

▶ 整群

秋末冬初，应将生产性能差、体弱的兔集中起来，进行屠宰或经短期优饲后宰杀或出售，之后应用火焰对兔舍、兔笼进行彻底消毒。

▶ 收集贮存粗饲料、多汁饲料

秋季正值农副产品、树叶等粗饲料和胡萝卜的收获期，数量大、价格低，要抓紧收集、贮存。

4.冬季饲养管理

冬季气温低、天气冷、日照短、青草缺乏，饲养管理上应注意以下几点。

▶ 保温

兔舍保温是冬季管理的中心工作。兔舍温度应保持在10℃以上，可通过安装暖气、生炉火、堵塞风洞、挂草窗来保温；室外养兔可采用搭塑料暖棚、建地下兔室等措施防寒。

▶ 饲喂青绿多汁饲料

冬季饲料以干饲料为主，为满足家兔对维生素的需要和维持消化道的正常功能，必须饲喂青绿多汁饲料，如胡萝卜、大麦芽等。但切忌饲喂冰冻的饲料。

▶ 补料

冬季家兔需要的能量多，而且夜长昼短，因此除提高饲粮能量水平外，夜间要补料。

▶ 抓好冬繁

冬季气候干燥，病原微生物和寄生虫较少，只要做好保温工作，冬繁仔兔的成活率就能提高。

▶ 管理

兔舍要做好保温和通风工作。温暖的中午，打开窗户或排风扇，排出污浊空气，保持舍内空气清新。进入冬季，獭兔被毛丰厚、质量好、售价高，对适龄、适重及淘汰的獭兔要及时宰杀取皮，销售。

（十四）兔群的常规管理

1. 捉兔

从笼内捉兔时，应先将食槽、水盆取出，用手抚摸兔头，以防其受惊；然后用手把兔耳轻轻压在肩峰处，并抓住该处皮肤，将兔提起；最后用另一只手托住兔的臀部，使兔的重量落在托兔的手上（图7-33）。注意兔的四肢不能正对检查者，防止人被挠伤。对于有咬人恶癖的兔，可先将其注意力移开（如以食物引逗），然后迅速抓住其颈部皮肤。

抓耳朵、拖后肢和腰部的捉兔方法都是不对的（图7-34、图7-35）。

图7-33　正确的抓兔方法　　图7-34　不正确的抓兔　　图7-35　不正确的抓兔
　　　　　　　　　　　　　　　　　方法（提耳朵）　　　　　　　方法（提后肢）

2. 公母鉴别

▶ 初生仔兔性别鉴定

一般根据阴部生殖孔形状和距肛门的远近鉴别公母。方法是用双手握住仔兔，腹部朝上，右手食指与中指夹住仔兔尾巴，左右手拇指轻压阴部开口两侧的皮肤。阴部生殖孔呈 O 形并翻出圆筒状突起，距肛门较远者为公兔；生殖孔呈 V 字的尖叶形，三边稍隆起，下端裂缝延至肛门，距肛门较近者为母兔（图 7-36、图 7-37）。

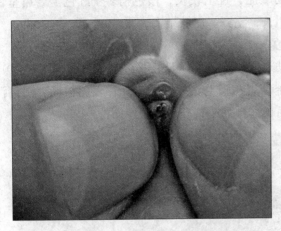

图 7-36　出生仔兔性别鉴定方法手法（任克良）　　图 7-37　初生仔兔性别鉴定

青年兔、成兔性别鉴定

3 月龄以上青年兔和成年兔的公母鉴别比较容易。方法是用右手抓住兔颈部，左手以中指和食指夹住尾巴，以大拇指拔阴部的上方，暴露生殖孔。生殖孔呈圆柱状突起的为公兔，成年公兔有稍向下弯曲呈圆锥形的阴茎；母兔可见到长形的朝向尾的阴门。

3. 年龄鉴别

确切了解兔的年龄，要查看兔的档案记录。在没有记录的情况下，只能根据兔的神情动作，趾爪的长短、颜色、弯曲程度，牙齿的颜色、排列，被毛等情况进行大致的判断。

青年兔

眼神明亮、活泼。趾爪短细而平直、有光泽，隐藏于脚毛之中。白色兔趾爪基部呈粉红色，尖端呈白色。一般情况下，粉红色与白色相等时约 12 月龄，红色多于白色时不足 1 岁（图 7-38）。青年兔门齿洁白短小、排列整齐，皮板薄而紧密、富有弹性。

➤ 壮年兔

行动敏捷，趾爪较长，白色稍多于红色。牙齿呈白色；稍粗长；整齐。皮肤结实、紧密。

➤ 老年兔

行动迟缓、颓废。趾爪粗长，爪尖弯曲（图 7-39），约一半趾爪露在脚毛之外，无光泽，表面粗糙。门齿浅黄，厚而长，排列不整齐，皮肤厚而松弛。

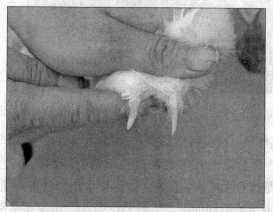

图 7-38 年龄鉴别（红色大于白色为青年兔）（任克良）

图 7-39 年龄鉴别（白色多向外弯曲为老龄兔）

4. 编号

为了方便家兔记录及选种、选配等，对种兔及试验兔必须进行编号。

▶ 编号时间

编号在仔兔断奶前或断奶时进行，这样不至于在断奶分笼或并笼时把血统搞乱。同时要用专用表格做好记录。一般习惯于公兔在左耳、母兔在右耳。有的采用两耳都编号，右耳编出生年、月号码，左耳编出生日及兔号。公兔用单号，母兔用双号。

▶ 刺号法

刺号一般用专用的耳号钳（图7-40），先将要编的号码插在钳子上排列好，再在兔耳内侧中央无毛且血管较少处，用酒精消毒要刺号的部位。然后用耳号钳夹住要刺号的部位，用力紧压，刺针即穿入皮肉。取下耳钳，用毛笔蘸取用食醋研的墨汁，涂于被刺部位，用手揉捏耳壳，使墨汁浸入针孔，数日后可呈现黑色(图7-41)。

若无刺号钳，也可以用针刺法。即先消毒，涂好加醋墨汁，再用细针一个点一个点地刺成数码。

▶ 耳标法

用铝质或塑料制成耳标，在其上编号码。操作时，助

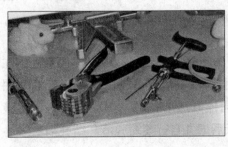

图7-40　耳号钳

手固定兔只，术者用小刀在兔耳朵边缘无血管处划一小口，将耳标穿过、固定即可（图7-42）。但耳标易被兔笼网眼挂住，撕裂兔耳。

图 7-41　刺　号

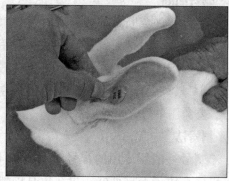

图 7-42　耳　标

5. 去势

凡不留作种用的小公獭兔，都应进行去势。肉兔目前不主张去势。

> #### 阉割法

阉割时将兔腹部朝上，用绳把四肢分开绑在桌子上。术者先将睾丸由腹腔挤入阴囊，用左手的食指和拇指捏紧固定，以免睾丸滑动，用酒精消毒切口处；然后用消毒过的手术刀或刮脸刀顺睾丸垂直方向切一个约1厘米的小口，挤出睾丸，切断精索。在同一切口处再取出另一个睾丸。摘出睾丸后（图7-43），在切口处涂以碘酒消毒，最后将兔放入消毒过的清洁兔笼里。

> #### 结扎法

用上述固定方法将睾丸挤到阴囊中，捏住睾丸，在睾丸下边精索处用尼龙线扎紧，或用橡皮筋套紧（图7-44），然后再用同样方法结扎另一侧精索。由于血液不流通，因此数天后睾丸自行萎缩脱落。结扎后会发生特有的炎性反应。

图 7-43 阉割法

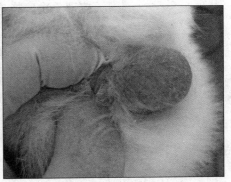

图 7-44 结扎法

▶ **药物去势法**

向睾丸实质内注射药物（一般为 3%~5%碘酊）。根据睾丸大小，一般每侧注入 0.5~1.0 毫升（图 7-45）。注意应把药物注入睾丸中心，否则会引起兔死亡。

6. 剪爪

成年兔过长、端部带勾、左右弯曲的爪应该剪掉。方法是：助手将兔捉起，术者左手抓住兔爪，右手持普通的果树剪在兔爪红线外端 0.5~1 厘米处剪断（图 7-46）。成年兔 2~3 个月应修爪 1 次。

7. 梳毛

梳毛的目的是防止兔毛缠结，促进皮肤血液循环，增加产毛量。幼兔自断奶后即开始梳毛，以后每隔10~15

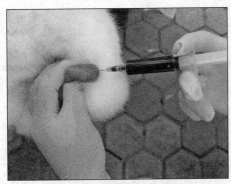

图 7-45 药物注射去势法

图 7-46 剪　爪

天梳理一次。换毛季节可隔天梳一次，以防兔毛飞扬引起毛球病。

梳毛方法：用金属梳或木梳顺毛的生长方向自上而下梳通即可。如兔毛结粘，先用手慢慢撕开再梳理。如果实在撕不开时就将结块剪去，梳下的毛加工整理后储藏或出售。

八、兔场疫病综合防控

目标
- 了解兔病发生的一般基本规律
- 掌握兔瘟、魏氏梭菌病的免疫程序
- 掌握兔球虫病、毛癣病的预防方法
- 掌握兔群安全生产措施

家兔体型小，抗病力差，一旦患病往往来不及治疗或治疗费用高。为此，养兔生产中要严格遵循"养重于防，防重于治"的原则。根据家兔的生物学特性，依据家兔发病规律，采取兔病综合防控技术措施，保障兔群安全，最终达到提高养兔经济效益的目的。

（一）兔病发生的基本规律

1.兔病发生的原因

兔病是机体与外界致病因素相互作用而产生的损伤与抗损伤的复杂的斗争过程。在这个过程中，机体对环境的适应能力降低，家兔的生产能力下降。

兔病发生的原因一般可分为外界致病因素和内部致病因素两大类。

（1）外界致病因素　指家兔周围环境中的各种致病因素。

包括生物性致病因素①、化学性致病因素②、物理性致病因素③、机械性致病因素④和其他因素⑤。此外，应激

①生物性致病因素：包括各种病原微生物(细菌、病毒、真菌、螺旋体等)和寄生虫(原虫、蠕虫等)，主要引起传染病、寄生虫病、某些中毒病及肿瘤等。

②化学性致病因素：主要有强酸、强碱、重金属盐类、农药、化学毒物、氨气、一氧化碳、硫化氢等化学物质，可引起中毒性疾病。

③物理性致病因素：指炎热、寒冷、电流、光照、噪声、气压、

湿度和放射线等诸多因素，有些可直接致病，有些可促使其他疾病的发生。如在炎热而潮湿的环境中家兔容易中暑。

④机械性致病因素：指机械力的作用。有来自外界的人，如击打、碰撞等；和来自体内的，如体内人肿瘤、寄生虫、肾结石、毛球和其他异物等。

⑤其他因素：如蛋白质、糖、脂肪、矿物质、维生素、激素、氧气和水等，因供给不足或过量，或是体内产生不足或过多，也都能引起疾病。

因素在疾病发生上的意义也日益受到重视。

（2）内部致病因素　兔病发生的内部因素主要是指兔体对外界致病因素的感受性和抵抗力。机体对致病因素的易感性和防御能力与机体的免疫状态、遗传特性、内分泌状态、年龄、性别和兔的品种等因素有关。

2.兔病发生的特点

（1）抗病力差　与其他动物相比，家兔体小、抗病力差，容易患病，治疗不及时死亡率高。同时由于单个家兔经济价值较低，因此在生产中必须贯彻"防重于治"的原则。

（2）消化道疾病发生率较高　家兔腹壁肌肉较薄，且腹壁紧贴地面，若所在环境温度低，常导致腹壁着凉，肠壁受冷刺激时，肠蠕动加快，特别容易引起消化机能紊乱，引起腹泻，如果不及时控制，极易导致大肠杆菌、魏氏梭菌等消化道疾病的发生。为此，应保持家兔所在环境温度相对恒定。

（3）拥有类似与牛、羊等反刍动物瘤胃功能相似的盲肠，其中微生物区系易受饲养管理的影响，造成消化机能紊乱　家兔属小型食草动物，对饲草料的消化主要依靠盲肠微生物来完成。因此，加强饲养管理，保持兔盲肠内微生物区系相对恒定，是降低兔消化道疾病发生率的关键。在生产中要坚持"定时、定量、定质，更换饲料要逐步进行"的原则。同时，使用抗生素预防和治疗过程中，慎重选择抗生素种类、给药方法、剂量和使用持续时间。如果使用不当，极易导致肠道中微生物区系变化，引起消化机能紊乱，甚至诱发魏氏梭菌病等。家兔疾病治疗中禁止使用的抗生素主要有林可霉素、克林霉素等。

（4）仔幼兔怕冷、大兔耐寒怕热　家兔汗腺不发达，高温季节要注意热应激的发生。仔幼兔要保持兔舍和巢箱内较高的温度。

（5）易发生脚皮炎、创伤性脊柱骨折等一般疾病。

（6）家兔抗应激能力差　气候、环境、饲料配方、饲喂量、笼位等突然变化，往往极易导致家兔发生疾病。因此，在生产的各个环节要尽量减少各种应激，以保障兔群健康。

（二）兔病综合防控技术措施

兔病防控是一个系统工程，由以下各个环节组成，忽视任何一个环节，都会使兔病得不到有效防控。

1.加强饲养管理

（1）重视兔场、兔舍建设，创造良好的生活环境　兔场规划、建设除满足家兔生理特性外，还应注意卫生防疫（图8-1）。

给家兔提供良好的生活环境，保持适宜的温度、湿度、光照和通风换气（图8-2、图8-3）。夏防暑、冬防寒、春秋防气候突变，四季防潮湿，以获得较高的生产水平，保证兔群健康。

图8-1　标准舍内笼养

图8-2 兔舍通风、加温、降温设施　　　　图8-3 水帘降温设施

（2）合理配制饲料，饲喂要定时、定量、定质，更换饲料要逐步进行　目前，我国已研制出家兔定时定量自动饲喂系统。国外多用自动饲喂系统，多采用自由采食模式，要求必须按照自由采食的方式进行饲料配方设计（图8-4）。

（3）按照家兔不同生理阶段实行科学的饲养管理　家兔生理阶段不同，其营养需要和管理要求也不尽相

图8-4 自动饲喂系统

同。

（4）加强选种，制订科学的繁育计划，以降低遗传性疾病的发病率　遗传性疾病是由遗传因素所决定的，并非由外界因素(如致病微生物、饲料、环境等)所致。选种时严格淘汰，如出现牛眼、牙齿畸形、八字腿、白内障、垂耳畸形、侏儒、震颤、脑积水、隐睾、癫痫、缺毛等个体(图8-5至图8-8)应予淘汰。同时制订科学的繁育计划，避免近亲繁殖，以提高后代的生产性能和抗病力，降低群体遗传性疾病的发病率。

（5）培育健康兔群　培育无特定病原群，是保障兔群健康发展的基础。

2.坚持自繁自养，慎重引种

养兔场(户)应使用自己选育的优良公、母种兔进行配种繁殖，这样既可以降低养兔成本，又能防止引种带入疫病。必须引进新的品系、品种时，只能从非疫区购入，经当地兽医部门检疫，并发给检疫合格证，再经本场兽医验证、检疫、隔离饲养，确认健康者，方可进入生产

图8-5　牛眼　患兔的眼大
　　　　而突出，似牛眼
　　　　(任克良)

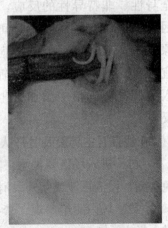

图8-6　牙齿生长异常
上、下门齿均过度生长并弯
曲，不能咬合　(任克良)

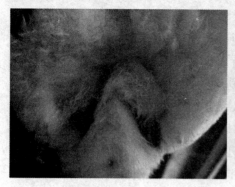

图 8-7　隐睾病　右侧阴囊塌陷，阴囊
内无睾丸（任克良）

图 8-8　缺毛症　仅在头部、四肢有正常的
被毛，其余缺乏绒毛，只有粗毛

区混群饲养。

涉及进口的家兔，按《中华人民共和国进出境动植物检疫法》执行，重点检疫兔瘟、黏液瘤病、魏氏梭菌病、巴氏杆菌病、密螺旋体病、野兔热、球虫病和螨病等疾病。

3.减少各种应激因素的影响

应激反应是指在一定条件下能使家兔产生一系列全身性、非特异性的反应。生产中，应尽量减少应激因素，或将应激强度、时间降到最低。如仔兔断奶在原笼中饲养数日，断奶、刺号间隔进行，饲养密度不宜过大，饲料配方变化逐渐进行，严禁生人或野兽进入兔群等。饲粮中添加维生素 C，可降低家兔的应激反应。

4.建立卫生防疫制度并认真贯彻落实

（1）进入场区要消毒。在兔场和生产区门口及不同兔舍间，设消毒池或紫外线消毒室。

（2）场内谢绝参观，禁止其他闲杂人员和有害动物进入场内。

（3）搞好兔场环境卫生，定期进行清洁消毒。首先，饲养人员要注意个人卫生，结核病人不能在养兔场工作。保持舍内温度、湿度、光照适宜，空气清新、无臭味、不刺眼。兔笼、饲喂器、饮水器、引水管和产箱等应保持清洁。粪便要生物发酵消毒处理（图 8-9、图 8-10）。粪便经 30 天左右生物发酵，方可作为肥料使用。

（4）杀虫灭鼠防兽，消灭传染媒介。蚊、蝇、虻、蜱、跳蚤、老鼠等是许多病原微生物的宿主和携带者，

图 8-9　粪便作生物发酵处理

图 8-10　粪尿处理池

能传播多种传染病和寄生虫病，兔舍与外界所有相通的地方要安装纱网，防止蚊蝇进入，同时要设法消灭老鼠。

犬、猫、狐狸等动物易传播许多疾病，如豆状囊尾蚴、弓形虫病等，且易造成惊群。因此，养兔场应禁止饲养犬、猫等动物，必须饲养时需加强管理，并对其进行定期检疫和驱虫。

5.严格执行消毒制度

消毒时要根据病原体的特性、被消毒物体的性能和经济价值等因素，合理选择消毒剂和消毒方法。

（1）兔舍消毒　应先彻底清除剩余饲料、垫草、粪便及其他污物，用火焰对兔毛等进行焚烧，然后用清水冲洗干净，待干燥后进行药物消毒。可选用的消毒药物有：2%热烧碱水溶液、20%～30%热草木灰水溶液、5%～20%漂白粉水溶液、10%～20%石灰乳、4%热碳酸钠水溶液、0.5%～5%氯胺水溶液或0.05%百毒杀等。当用腐蚀性较强的消毒药消毒后，必须用清水冲洗，待干燥后才能饲养兔。

（2）场地消毒　在清扫的基础上，除用上述消毒药外，还可选用5%来苏儿、1%～3%农福、3%～5%臭药水、2.5%～10%优氯净、2%～4%福尔马林水溶液、0.5%过氧乙酸等。

（3）兔笼及用具　应先将污物去除，用清水洗刷干净，干燥后再进行药物消毒。金属用具可用0.1%新洁尔灭、0.1%洗必泰、0.1%度米芬、0.1%消毒净或0.5%过氧乙酸等消毒。木制品消毒可用1%～3%热烧碱水、5%～10%漂白粉水、0.1%新洁尔灭、0.5%过氧乙酸、0.1%消毒净、0.5%消毒灵、0.03%百毒杀或5%优氯净等。兔笼、产箱等耐火焰的用具用火焰消毒效果最好（图8-10）。

图 8-11　产箱火焰消毒

（4）仓库消毒　常用 5% 过氧乙酸溶液、福尔马林熏蒸消毒。

（5）毛皮消毒　常用环氧乙烷等消毒。

（6）医疗器械消毒　除煮沸或蒸汽消毒外，常用药物有 0.1% 洗必泰、0.1% 新洁尔灭、0.05% 消毒宁(加亚硝酸钠 0.5%)、0.1% 度米芬水溶液。

（7）工作服、手套　可用肥皂水煮沸消毒或高压蒸汽消毒。

（8）粪便及污物　可采用烧毁、掩埋或生物热发酵等。

6.制定科学合理的免疫程序并严格实施

免疫接种就是用人工的方法，把疫苗或菌苗等注入家兔体内，从而激发兔体产生特异性抵抗力，使易感的家兔转化为有抵抗力的家兔，以避免传染病的发生和流行。

（1）家兔常用疫苗　目前家兔常用疫苗种类、使用方法及注意事项见表 8-1。

表8-1 常用疫苗种类和用法

疫（菌）苗名称	预防的疾病	使用方法及注意事项	免疫期
兔瘟灭活苗	兔瘟	30～35日龄初次免疫，皮下注射2毫升；60～65日龄二次免疫，剂量1毫升，以后每隔5.5～6.0个月免疫1次，5天左右产生免疫力	6个月
巴氏杆菌灭活苗	巴氏杆菌病	仔兔断奶免疫，皮下注射1毫升，7天后产生免疫力，每兔每年注射3次	4～6个月
波氏杆菌灭活苗	波氏杆菌病	母兔配种时注射，仔兔断奶前1周注射，以后每隔6个月皮下注射1毫升，7天后产生免疫力，每兔每年注射2次	6个月
魏氏梭菌（A型）氢氧化铝灭活苗	魏氏梭菌性肠炎	仔兔断奶后即皮下注射2毫升，7天后产生免疫力，每兔每年注射2次	6个月
伪结核灭活苗	伪结核耶新氏杆菌病	30日龄以上兔皮下注射1毫升，7天后产生免疫力，每兔每年注射2次	6个月
大肠杆菌病多价灭活苗	大肠杆菌病	仔兔20日龄进行首免，皮下注射1毫升，待仔兔断奶后再免疫1次，皮下注射2毫升，7天后产生免疫力，每兔每年注射2次	6个月
沙门氏杆菌灭活苗	沙门氏杆菌病（下痢和流产）	怀孕初期及30日龄以上的兔，皮下注射1毫升，7天后产生免疫力，每兔每年注射2次	6个月
克雷伯氏菌病	克雷伯氏菌病	仔兔20日龄进行首免，皮下注射1毫升，仔兔断奶后再免疫1次，皮下注射2毫升，每兔每年注射2次	6个月
葡萄球菌病灭活苗	葡萄球菌病	每兔皮下注射2毫升，7天后产生免疫力	6个月
呼吸道病二联苗	巴氏杆菌病，波氏杆菌病	怀孕初期及30日龄以上的兔，皮下注射2毫升，7天后产生免疫力，母兔每年注射2～3次	6个月

（2）免疫接种类型

①预防接种　为了防患于未然，平时必须有计划地给健康兔群进行免疫接种。

②紧急接种　在发生传染病时，为了迅速控制和扑灭疫病的流行，而对疫群、疫区和受威胁区域尚未发病的兔群进行应急性免疫接种。实践证明，当兔群发生兔瘟、魏氏梭菌等传染病时，紧急接种相应的疫苗，可在短期内控制和扑灭疫病。

7.有计划地进行药物预防及驱虫

应用药物预防疾病，是重要的防疫措施之一。尤其在某些疫病流行季节之前或流行初期，将安全、有效的药物加入饲料、饮水或添加剂中进行群体预防和治疗，可以收到显著的效果。

8.加强饲料质量检查，保证饲喂和饮水卫生，预防中毒病

俗话说"病从口入"，因此，饲料在采购、采集、加工到保存、利用等各个环节，要加强质量和卫生检查与控制。

（1）药物中毒　主要有驱虫药物中毒和其他磺胺类、呋喃类、抗生素、抗球虫药物中毒。常见的有土霉素、痢特灵、喹乙醇、马杜拉霉素、氯苯胍等中毒。预防措施有：①严格按药物说明书使用，剂量要准确，不能随意加大用药量和用药时间。②加入饲料中的药物要充分搅拌均匀。③预防和治疗疾病尽量避免用治疗量与中毒量相近的药物，如抗球虫病禁止使用马杜拉霉素等。

（2）饲料中毒　常见的有棉籽饼、菜籽饼、马铃薯、食盐等中毒。防止中毒的措施有：①控制用量，家兔饲粮中棉籽饼、菜籽饼以不超过5%为宜，不用发芽、发绿、腐烂的马铃薯等；②脱毒。

（3）霉变饲料中毒　霉饲料中毒在我国养兔生产中

频频发生。防止措施有：①收集、选购饲料时要严格进行质量检查；②贮放饲料间要干燥、通风，温度不宜过高，控制饲料中水分含量，以防饲料发生霉败；③添加防霉剂，常用的有丙酸、丙酸钠、延胡索酸、克霉、霉敌、万保香等；④饲喂前要仔细检查饲料质量；⑤炎热季节，每次给兔加料量不宜太多，以防饲槽底积料发霉。

（4）有毒植物中毒　常见的有毒植物有：苘菜、毒芹、乌头、曼陀罗、毒人参、野姜、高粱苗等。防止措施：①了解本地区的毒草种类；②提高饲喂人员识别毒草的能力；③凡不认识或怀疑有毒的植物，一律禁喂。

（5）农药中毒　①妥善保管好农药，防止饲料源被农药污染；②严格控制青饲料的来源，采集青饲料的工作人员要有高度的责任感，不用喷洒过农药的饲料作物或青草喂兔，对可疑饲料坚决不喂；③用上述药品治疗兔体外寄生虫病时，要严格遵守使用规则，防止中毒。

（6）灭鼠药中毒　灭鼠药毒性大，家兔误食后可引起急性死亡。故应注意：①在兔舍放置毒鼠药时，要特别小心，勿使家兔接触或误食；②饲料加工间内严禁放置灭鼠药，以防混入饲料；③及时清除未被鼠类采食的灭鼠药，以防污染饲料、饮水等。

9.细心观察兔群，及时发现疾病，及时诊治或扑灭

养兔实际生产中，饲养人员要和兽医人员密切配合，结合日常工作，注意细心观察兔的行为变化，并进行必要的检查，发现异常，及时诊断和治疗。

九、兔场的经营管理

目标
● 兔场经营管理的重要性
● 了解兔场经验管理的主要内容

（一）搞好兔场经营管理的重要性

兔场经营管理是家兔生产中的一项重要内容。发展养兔生产的目的是以较低的成本，获取量多、质优的兔产品（兔肉、兔皮或兔毛等），从而提高养殖的经济效益。经营管理不善，将导致生产水平低下，经济效益不高，甚至赔本。

经营管理的重要性主要表现在对兔场实行科学的组织管理；对兔场引进的新技术进行经济评价，不断提高生产水平和经济效益；加强兔场生产经营核算，充分发挥兔场工作人员的积极性等。

（二）兔场经营管理的主要内容

1. 产前经营管理的决策

兔场经营决策，是指对兔场的建场方针和奋斗目标，以及为实现这一方针和目标所采取的重大措施所作出的选择与决定。决策正确与否，对兔场的经济效益和成败有决定性的意义。

养兔效益受产品的市场因素（价格高低、销路畅通与否）、饲料价格和养殖技术（养兔生产率的高低）等因素影响。因此在决定养兔之前要考虑当地或国内外兔产品价格、当地饲料价格和养殖技术水平等因素，不可盲目上马。

兔场的决策包括经营方向、生产规模、饲养方式、兔场建设等内容。

▶ 经营方向

养殖什么类型的家兔（肉兔、獭兔、毛兔和观赏兔），应根据市场需求量、价格、资金、场地等因素综合考虑（具体参考本书品种部分）。

（1）种兔场　是以引进、培育、繁殖、出售优良种兔为目的，主要有獭兔、肉兔和毛兔，或两者或三者兼养的种兔场。种兔场必须拥有当地畜牧主管部门颁发的《种畜禽生产经营许可证》（图 9-1）、《兽医卫生合格证》等资质证书。随着家兔良种化的普及，一些种兔场也逐步进行商品兔的生产。

图 9-1　某兔场种畜禽生产经营许可证

（2）商品兔产品生产场　这类兔场是以生产商品肉兔、兔皮（獭兔）和兔毛为主，有肉兔场、獭兔场和毛兔场，也有两种或三种兼养的兔场。这是我国目前兔产业的主要形式。兼养良种类型的兔，如獭兔兼养肉兔，当兔皮行情不好时，獭兔停止繁殖，以保种为主，大力发展市场行情较好的肉兔。当兔皮市场复苏时，可东山再起，这是一种有战略眼光的做法。

> **生产规模**

（1）大中型兔场 这类兔场为国家或私人投资兴建。特点：技术力量强，兔舍结构合理，设备完善，生产量大。基础母兔群多为 300 只以上，有的高达 2 000 只。该类型兔场需要较强的技术力量和有管理经验的人员做支撑。不考虑技术、管理水平，一味追求大规模，往往达不到预期目的。

（2）小型兔场 基础兔群在 100～200 只，年生产肉兔 3 000～6 000 只，年生产獭兔 2 500～5 000 只。

（3）家庭养兔 基础母兔大多在 100 只以下，以家庭为单位进行生产，利用闲置空房或在庭院修建兔舍，饲养较为粗放。

兴办兔场规模多大为好，首先要看产品销售渠道是否畅通，其次是投资能力、饲养条件、技术水平及投产后的经济效益等进行综合考虑。

> **饲养方式**

（1）集约化方式 其特点是：兔舍建筑科学，设备齐全，机械化程度高，自动喂料，自动清粪，技术力量雄厚。兔舍环境可人工控制，生产力水平高，产品质量好。但投资高，适宜于经济发达地区（图 9-2）。

（2）半集约化方式 这是我国目前大、中型兔场普遍采用的方式，其特点是半开放式兔舍，兔舍环境可部分调控（机械化出粪、机械通风、人工补充光照

图 9-2　国外集约化兔舍

等），采用自动饮水，全价颗粒饲料喂兔，有一定的技术力量，生产水平较高。

（3）传统饲养方式　其特点是生产规模小，兔舍及设备简陋，基本采用手工操作，饲料为青饲料（粗饲料）+混合精饲料或颗粒饲料，这种方式比较粗放，经济效益也不高。

▶ 兔场建设

在本书相关部分已作介绍，这里不再重复。

2. 生产中的组织管理

▶ 制定年度生产计划

年度生产计划就是根据兔场的经营方向、生产规模、本年度的具体生产任务，结合本场的实际情况，拟定全年的各项生产计划与措施。

（1）总产计划与单产计划　总产计划就是兔场年度争取生产的商品总量。例如，种獭兔场一年出售的种兔总只数，其中包括淘汰种兔或不合种用的只数。

（2）利润计划　兔场的利润计划是全场全年总活动的一项重要指标，即全年的总收入。利润计划受生产规模、生产水平、经营管理水平、饲料条件、技术条件、市场情况及各种费用开支等因素所制约。兔场根据自己的实际情况进行制订。尽可能将利润计划分别下达给各有关兔舍、班组和个人。并与个人经济利益挂钩，以确保利润计划顺利实现。

（3）兔群结构　兔群结构由一定数量的公兔、母兔和后备兔组成。通常按自然本交方式，繁殖群公、母比例为1：（8～10），种兔群公、母比例1：（5～6）为宜。年龄结构参考的推荐数值是：7～11月龄兔占15%～20%，1～2岁兔占40%～50%，2～3岁兔占35%～40%。生产实践中应根据情况随时调整。

在组织兔群结构的同时，应根据兔群结构安排生产计划、交配计划和产仔计划。对小规模的养兔户，不要求编写成文，但起码心中有数，避免盲目性。

(4) 兔群周转计划　以一个规模为100只繁殖母兔的兔场为例，若公、母比例1：6，则需公兔15只。种兔使用年限3年，则每年约更新1/3，即更新母兔28～29只，公兔5只。为保险起见，在选留后备兔时应适当高于此数。合计常年存栏繁殖母兔100只，种公兔15只，后备公、母兔45只（略高于实际需要），仔兔及幼兔500只（按每只母兔年产4胎，每胎育成5只计算），年饲养量2 000只以上。

商品兔场所生产的仔兔除少数留种外，多数作为商品兔用。

国外经济发达的养兔生产国，出现工厂化饲养商品兔，实行"全进全出"的流水作业生产方式。集约化生产，要求配种、产仔、断奶、育肥等程序一环扣一环，如果在某个环节上周转失灵，就会打乱全场生产计划。为了使商品生产有条不紊地进行，充分发挥现有兔舍、设备、人力的作用，达到全年均衡生产，实现高产稳产，保证总产计划和利润计划的完成，就必须制订好全年兔群周转计划，并保证计划得以实现。

(5) 饲料计划　饲料是发展养兔的物质基础，也是养兔生产中开支较大的一个项目，必须根据本场的经营规模、饲养方式和日常喂量妥善安排。

①传统饲养　是一种以青粗饲料为主、精饲料为辅的饲养方式。如前所述，一个种兔场常年有繁殖母兔100只，种公兔15只（图9-3），后备兔45只，仔兔及幼兔500只，共660只。平均每只兔（大小兔平均）每天需青饲料0.5千克，每年共需青饲料（或由干草折成）约12万千克；每只种兔平均每天消耗混合精饲料0.1千克，其他兔平均每天消耗0.05千克，全年共需混合精饲料1.4万千克。

②集约化、半集约饲养 这种饲养方式全部采用全价颗粒饲料喂兔，自由饮水。一个兔场消耗的饲料数量可按表 9-1 标准进行估算。

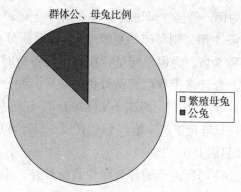

群体公、母兔比例

繁殖母兔
公兔

图 9-3 群体公、母兔比例

表 9-1 不同生理阶段兔饲料消耗

生理阶段	饲料消耗	备 注
配种公兔	140～150 克/天	
非配种公兔、空怀母兔	120 克/天	
哺乳母兔	350～380 克/天	仔兔 4 周龄断奶
商品肉兔	按料肉比（3.5～3.3）：1	出栏体重达 2.25～3 千克
商品獭兔	15 千克	从断奶（35 天）至出栏（5 月龄）

▶ 保证生产计划实现的重要措施

（1）技术措施 种兔良种化、饲料全价化、设备标准化、防疫程序化和管理科学化，是对搞好家兔生产要求的高度概括，不论是国营、集体，还是专业户兔场都应朝这个方向努力。

（2）生产措施

①提高繁殖力 采用传统饲养方式时，影响繁殖力的因素较多，为了提高经济效益，必须增加产仔窝数，在适宜的季节抓紧配种繁殖，创造条件进行冬繁。年繁

殖4~5窝，在饲养管理水平较高、母兔比较健壮的情况下，可繁殖5~6窝。

在半集约化条件下，改进配种技术，可增加产仔窝数，提高受胎率。

②提高存活率　提高存活率是提高经济效益的另一个重要方面。据报道，仔兔从出生至断奶的死亡率约为15%，断奶至屠宰的死亡率约为10%。因此，在仔兔出生直至出栏或取皮，要千方百计减少死亡，这是保证生产计划和利润计划顺利完成的关键。

③适时更新种兔群　对种兔来说，1~2岁繁殖力最高，超过2.5岁即逐渐下降。以传统方式饲养，种兔可使用3年，少数使用4年；若采用集约化饲养，则种兔表现最佳繁殖性能的时间要缩短1~1.5年。要防止种兔退化，除注意对种兔的选育以外，还要及时更新种兔，引进优良种兔血统，以保持兔群的高产性能。

对于以生产兔产品为主要目的的兔群，应考虑最佳的出栏体重或取皮年龄和体重。肉兔多以2.25~3.0千克、獭兔以2.5~3.0千克取皮为宜。长毛兔产毛持续时间为3~4年。

④降低饲料费用　饲料费用约占养兔成本的60%~70%，因此，降低饲料费用，对于实现养兔生产低成本、高效益有十分重大的意义（图9-4）。

⑤搞好生产统计　兔场的生产统计是以文字和数据形式记录各兔舍或班组生产活动情况。它是了解生产、指导生产的重要资料，也是进行经济核算、评价职工劳动效率和实行奖罚的重要依据。

(3) **经济措施**　所谓经济措施，就是采用经济管理的方法，制定具体措施来管理兔场生产。

①实行"联产承包"生产责任制　"联产承包"责任制是当前兔场中生产责任制的一种形式。主要分为两

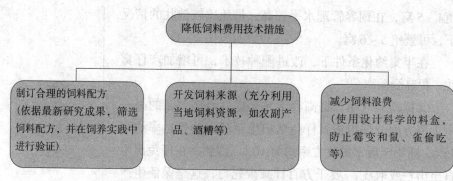

图 9-4　降低饲料费用的措施

方面：一是兔场承包全年总产和总利润；二是兔场对下属各生产班组和个人制订各项生产指标。由于专业任务不同，因此承包的内容也不同。种兔舍要求是全年提供一定规格的断奶兔数、种兔耗料标准；商品兔舍则要求全年可提供一定规格的商品兔只数、皮张数、兔毛重量和耗料标准等。此外，还要规定不同兔的饲养定额及药费、水电费等项开支。在此基础上，签订合同，定期检查情况，实行奖罚。

"联产承包"责任制贯彻了社会主义按劳分配和多劳多得的原则，对促进生产发展有着重要的意义。

如何调动工作人员的积极性？

大型兔场为了提高经济效益、激发员工的工作热情，除采取有效的"多劳多得、少劳少得、奖惩严明"的管理制度外，还要关心员工的生活，建设优良、先进的企业文化，使员工将兔场作为自己的家，将养兔作为自己的事业，这样能调动起来职工的工作热情。

②对外订立各种经济合同　兔场在进行生产和产品销售过程中，常常要与有关单位或外商发生经济往来，如购买饲料、药品、设备和销售产品等。为了保证这些活动顺利，必须与这些单位或外商签订供销合同，使双方都有经济责任，共同把生产搞好。

3. 生产后的经济核算

兔场经过一定阶段（月、季、年）的生产后，应进行生产小结和总结，通过经济核算来检查生产计划和利润计划的执行情况。在此基础上进行经济分析，从中找出规律性的东西，以改善生产经营，提高经济效益。

现以商品獭兔场年度生产计划、利润计划执行情况的检查为例分析如下。年度生产计划经济稽核的主要内容如下：

➤ 核实全年总产和收入情况

（1）全年商品兔总产量，指 1 月 1 日至年末出售商品獭兔的总数量。

（2）全年出售商品獭兔总收入，指 1 月 1 日至年末出售商品獭兔收入的总和（未出售应盘点折价列账）。

（3）全年淘汰兔收入，指出售兔的实际收入。

（4）肥料收入，按每只成年兔年产肥料 100～150 千克计算，价格按当地肥料价格折算。

（5）兔只盘点　年终进行兔只盘点，按各类兔的只数分别折价。盘点后算出存栏数，减去上年存栏数，即为本年增值数，乘上每只折价，就得出全部增值兔的经济价值。

➤ 兔场总开支

（1）饲料费　包括兔群消耗的各种饲料，上年库存转入的饲料应折款列入当年开支，年底库存结余的饲料应折款转为下年的开支。

（2）生产人员的工资、奖金、劳保福利按年实际支出计算。

（3）固定资产折旧，其中包括如下：

①房屋折旧，指兔舍、库房、饲料间、办公室和宿舍等，砖木结构折旧年限为 20 年，土木结构为 10 年。各兔场可根据当地折旧规定处理。

②设备折旧费，指兔舍、产仔箱、饲料生产加工机械，折旧年限为 10 年，拖拉机、汽车为 15 年。凡价值百元以上设备均属固定资产。

（4）燃料费、水电费

（5）医药、防疫费

（6）运输费

（7）引种费

（8）维修费

（9）低值易耗费　指百元以下零星开支，如购买工具、劳保用品等，按实际开支列入当年支出。

（10）管理费，主要指兔场非直接生产人员的工资、奖金、福利待遇以及对外联系的差旅费等，均应列入当年支出。

（11）其他开支，主要指上述 10 项以外的开支。

▶ **养兔场年盈亏计算法**

盈利 = 各项收入的总和 – 各项支出的总和

亏损 = 各项开支的总和 – 各项收入的总和

（三）兔场的"一业多营"

家兔饲养业与其他养殖业一样，具有先天性风险较大、企业管理难等特点。为此，养兔业为一种"微利行业"。

兔场的主业是从事家兔的生产与经营，面临风险大、难管理的问题。怎样才能避免倒闭的危险？成功的经验是必须走"一业多营"的道路。

▶ **饲养的品种不能过分单一**

由于家兔产品（肉、皮、毛）绝大部分进入消费市场，产品市场的不稳定是客观规律。因此，必须增强产品适应市场变化的能力，兔场才会立于不败之地。这就要求兔场饲养的家兔品种类型不要过于单一。例如，獭兔场不妨也养一点毛兔或肉兔，一旦市场变化，可及时调整兔群和产品结构。

▶ 开展加工增值

加工的利润，远远大于原料产品的生产。兔场产品无论是兔肉、兔皮，在出场销售之前自己先进行初加工，如獭兔、肉兔的屠宰等。有条件的兔场，还可创办与其产品相适应的裘皮、食品、生物制剂等加工厂，则可成倍提高产值、增加利润（图9-5至图9-10）。目前我国许多大型兔业公司都集家兔养殖、兔产品加工、销售等为一体，不仅自身发展，还带动当地广大农民投入到家兔养殖行业中来。

▶ 搞产品的综合利用

比如兔粪，既是兔场的废物，又是产品。它是优质

图 9-5　兔皮服饰加工车间（任克良）

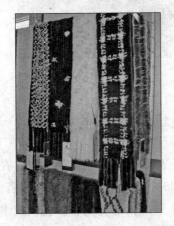

图 9-6　兔皮制作的围巾（任克良）

图 9-7　兔皮制作的服饰（任克良）

肥料，不仅可用于农作物增产，还可配制"花肥"，销往园林、花卉市场。

图 9-8　兔皮制作的服饰

图 9-9　屠　宰

图 9-10　生产的兔肉产品

（四）积极开展兔场的配套服务

兔场也是一个集产品和技术为一体的地方。在出售产品，尤其是种兔的同时，利用自己的技术、物资优势，积极向本场联系的专业户或其他养兔者，提供技术和疫苗、药品、饲料、笼具等系列配套服务。有条件的兔场还可开展技术培训、技术指导（图9-11、图9-12），既可提高知名度，又可从服务活动中获得可观的收益。

图9-11　技术培训（曹亮）

图9-12　现场进行技术指导（曹亮）

（五）兔业信息获取与利用

信息就是财富。养兔生产者在生产和经营中要有开放意识，加强与外界的联系和交流，要充分有效地利用现代网络等一切手段，获取掌握技术和市场信息，及时应用新技术、新成果，不断提高养兔生产水平。根据兔产品市场行情、走势，及时调整养殖规模，生产适销对路的兔产品，最终取得较高的经济效益。

1.信息的采集

养兔生产者可加入一些兔业社团组织（养兔协会、研究会），外出考察学习，请专家或能人上门指导，订阅养兔专业报刊，向专业组织或权威机构咨询，向科研院所专家请教等。

▶ 兔业组织

中国畜牧业协会兔业分会，是我国兔业行业管理的最高机构，设在中国畜牧业协会内。

目前许多省、市也成立了自己的兔业协会或研究会，如四川、山西、河南、山东、陕西、云南等省。

▶ 专业杂志和报刊

（1）《中国养兔杂志》 该杂志是我国唯一的由国家出版发行的养兔业综合刊物。1982年创刊，为全国畜牧类中文核心期刊、单月刊，系中华人民共和国农业农村部主管，中国畜牧业协会兔业分会、江苏省畜牧兽医总站等主办。设有高层论坛、遗传育种、饲料与营养、饲养与繁殖、疾病防治、产品开发、经济管理、试验兔专栏、实用技术、信息园地、牵线搭桥、互动平台等。本刊面向生产，面向基层，及时反映本专业的最新科研成果和前沿动态，为广大养兔户及时传递实用技术和先进经验，常年提供兔业技术与信息咨询。地址：南京市草场门大街124号；邮编：210036。

（2）《现代兔业报》 由中国畜牧业协会兔业分会与山东畜牧兽医学会主管，山东畜牧兽医学会家兔专业委员会主办。该报设有业界信息、养殖加工、疾病与保健和企业风采等栏目。

地址：山东省济南市历城区桑园路 10 号（山东省家兔专业委员会）；邮编：250100。

（3）《山西兔业》 由山西省畜牧业协会兔业分会主办，山西省农业科学院畜牧兽医研究所养兔研究室承办。主要介绍国内外新技术、新成果和市场信息。地址：山西省太原市平阳南路 150 号，山西省农业科学院畜牧兽医研究所；邮编：030032。

（4）《北方兔业》 由黑龙江省老科协工作委员会等主办。地址：哈尔滨动力区文府街 4-1 号；邮编：150040。

（5）《中国兔业报》 由中国农村专业技术协会、北京华祥兔业有限责任公司主办。地址：北京市怀柔区开放路 76 号楼 7 单元 301-302；邮编：101400。

▶ 兔业主要网站

（1）中国畜牧业信息网、中国兔业网 网址为 //WWW.caaa.cn，由中国畜牧业协会主办。主要栏目有协会介绍、协会工作、行业活动、科学技术、猪业信息、禽业信息、羊业信息、兔业信息等。

欲了解兔业信息首先进入中国畜牧业协会网，然后点击"兔业信息"菜单栏，即可进入兔业分会网站。

（2）中国留史皮毛信息网 网址为 //WWW.furtrade.com.cn，由中国皮毛协会和中国留史皮毛城市场管理委员会主办。全国最大的皮毛交易市场信息网站。每天向全国发布各种皮毛信息。主要栏目有皮毛价格信息、供求信息、市场预测等。

（3）国家兔产业技术体系网站 由国家兔产业技术体系主办。该网站聚集了国内家兔产业方面的专家，是养兔生产者可靠的技术支持网站。

（4）中国兔业信息网 网址为 //WWW.crtn.net，由中国农业技术协会和中国兔业报主办。向全国发布兔业养殖信息。主要栏目有养殖技术、兔业动态、防病治病、专家讲座、供求信息、兔业信箱等。

此外，也可以浏览其他社团组织、企业开办的兔业网站。

兔产品专业市场

(1) 兔毛交易市场

安徽颍上县谢桥兔毛大市场：

位于安徽省颍上县谢桥镇，以交易长毛兔兔毛为主，是远近闻名的兔毛专业市场。

四川石柱县临溪兔毛专业市场：

四川石柱县是我国著名的长毛兔养殖县，长毛兔饲养历史悠久。1986年该市场正式建成营业，是我国西南、中南地区最大的兔毛集散地之一。

浙江新昌兔毛专业市场：

位于浙江新昌县城关镇大桥南端，是一个可容纳2 000多人的兔毛市场，1985年1月营业，火爆时每天在这里进行兔毛交易的有上万人。

山东临沂市汤头镇兔毛专业市场：

该市场是山东境内主要的兔毛交易市场之一。交通便捷、商贩云集，兔毛交易比较活跃。

(2) 兔皮交易市场

中国留史皮毛城：

位于河北省蠡县留史镇，是全国最大的毛皮集散地。这里不仅交易兔皮，而且交易羊皮、牛皮、狐皮、水獭皮、海狸鼠皮等。不仅有交易市场，还有许多兔皮鞣制厂家。

河北肃宁尚村皮毛市场：

离留史皮毛城不远，还有一个以活兔和原料皮为主的大型交易市场。每逢阴历一、四、六、九（一、九为大集，四、六为小集）集市时，各地兔农、兔商云集到这里进行交易。

浙江海宁皮毛市场：

始建于 1994 年，1995 年被国家工商局命名为全国文明市场，1996 年被国家内贸部命名为国家级皮革服装中心市场。现有建筑面积 16 万米²，设有皮革服装主交易区、分交易区，毛皮、箱包、皮革服装原辅料交易区等。是目前我国最大的皮毛市场之一。兔皮交易主要在毛皮交易区，以鞣制好的熟皮为主。

广东惠州兔皮交易市场：

是我国毛皮交易市场的大门。近年来，我国出口獭兔皮主要从这里集中收购和调运。惠州还是我国港、澳、台地区毛皮商进行交易的主要场所。

我国主要的家兔研究、教学机构：

我国成立较早的家兔研究机构主要有：四川省畜牧科学院养兔研究所、山西省农业科学院畜牧兽医研究所养兔研究室、中国农业大学、四川省草原研究所、河北农业大学、山东省畜牧兽医研究所养兔研究室、江苏省畜牧研究所养兔研究室、江苏省兽医研究所兔病研究室、浙江省畜牧兽医研究所兔病研究室、安徽省畜牧兽医研究所养兔研究室、金陵种兔场、浙江新昌长毛兔研究所、张家口农专等单位，他们为我国养兔业的科学技术进步做出了卓越的贡献。

2.信息的利用

对获取的信息进行科学的利用，可以获得事半功倍的效果。但从各种渠道采集来的信息，数目繁多，有些来源不同的信息差异很大，甚至有些相互矛盾，在利用之前首先要对信息的真伪进行甄别。

▶ **获取可靠的兔业信息**

（1）信息来源渠道 一般从权威机构如中国畜牧业协会兔业分会、省级以上科研院所等获得的信息比较客观真实。从全国著名养兔专家撰写的文章、拜访获得的信息比较实事求是，可供参考。

（2）**多渠道获取信息** 尽量从多渠道获得自己所需的信息，而后进行比较与印证，以此获得较为真实可靠的信息。

（3）**实地考察** 对一些重要的信息（如市场行情、种兔质量等）、新技术可以通过实地考察、参观等方式，确认其可靠性。千万不能道听途说，盲目行事。

（4）**咨询、走访国内养兔专家** 从事家兔教学、研究的专家、教授对兔业方面的信息了解比较多、也比较深刻。向他们咨询可获得比较满意的结果。

▶ 信息的利用

对于新技术要根据自身的条件、本场的实际进行有选择的消化、引进和吸收。

根据市场信息指导养兔生产。如市场对高质量的獭兔皮张货紧价高时，可以适当延长饲养期；而当市场对中低档兔皮需求量大时，可以适当缩短饲养期。

同时要注意市场信息的时效性，用动态的思维来指导养兔生产。

▶ 互联网的利用

我们所处的时代是互联网的时代，兔业生产也离不开互联网。

（1）**通过互联网接受远程技术服务** 养兔生产者可以通过邮件、QQ、微信等形式接受养兔专家、兔业企业的技术服务（图9-13）。

（2）**通过互联网进行兔病远程诊断** 把患病兔的临床表现、剖检特征等通过视频、邮件等形式传递给相关养兔专家，这样可在兔群发病的第一时间，对兔病进行指导，得到较为准确的诊断，把兔病的危害降低到最低。因此，平时要把全国兔业界专家的邮箱、QQ号记录下来。

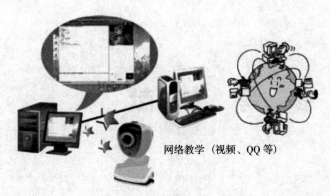

网络教学（视频、QQ 等）

图 9-13　网络服务

参 考 文 献

谷子林，秦应和，任克良，2013. 中国养兔学 [M]. 北京：中国农业出版社.

任克良，2002. 现代獭兔养殖大全 [M]. 太原：山西科学技术出版社.

任克良，陈怀涛，2014. 兔病诊疗原色图谱 [M]. 2 版. 北京：中国农业出版社.

谷子林，薛家宾，2007. 现代养兔实用百科全书 [M]. 北京：中国农业出版社.

谷子林，2009. 实用家兔养殖技术 [M]. 北京：金盾出版社.

任克良，2010. 家兔配合饲料生产技术 [M]. 2 版. 北京：金盾出版社.

秦应和，2008. 家兔饲养员培训教材 [M]. 北京：金盾出版社.

Carlos de Blas，Julianwiseman，2014. 家兔营养 [M]. 2 版. 唐良美，译. 北京：中国农业出版社.